独断力

[日] 午堂登纪雄 著　张文慧 译

中国科学技术出版社
·北京·

独断力　他人の言うことは聞かない方がうまくいく
© Tokio Goto 2021
Originally published in Japan by Shufunotomo Co., Ltd
Translation rights arranged with Shufunotomo Co., Ltd.
Through Shanghai To-Asia Culture Co., Ltd.
北京市版权局著作权合同登记　图字：01-2022-1628。

图书在版编目（CIP）数据

独断力 /（日）午堂登纪雄著；张文慧译 . —北京：中国科学技术出版社，2022.4（2024.6 重印）

ISBN 978-7-5046-9503-1

Ⅰ . ①独… Ⅱ . ①午… ②张… Ⅲ . ①成功心理—通俗读物 Ⅳ . ① B848.4-49

中国版本图书馆 CIP 数据核字（2022）第 046207 号

策划编辑	申永刚　杨汝娜
责任编辑	申永刚
版式设计	蚂蚁设计
封面设计	创研设
责任校对	焦　宁
责任印制	李晓霖

出　　版	中国科学技术出版社
发　　行	中国科学技术出版社有限公司
地　　址	北京市海淀区中关村南大街 16 号
邮　　编	100081
发行电话	010-62173865
传　　真	010-62173081
网　　址	http://www.cspbooks.com.cn

开　　本	787mm×1092mm　1/32
字　　数	83 千字
印　　张	6
版　　次	2022 年 4 月第 1 版
印　　次	2024 年 6 月第 2 次印刷
印　　刷	大厂回族自治县彩虹印刷有限公司
书　　号	978-7-5046-9503-1/B・86
定　　价	55.00 元

（凡购买本社图书，如有缺页、倒页、脱页者，本社销售中心负责调换）

前言

独断力，顾名思义，是指"独立做出决断的能力"。具备这种能力不仅可以在生活中给自己带来自信，还能凸显一个人的个性与独特价值。

个性，即使没有人教你，也会自然地由内萌发；创造性，不是受某人的指挥或命令而获得，而是在自由的环境中水到渠成形成的。要具备这些特质，就需要通过自身的价值观和独立的判断标准做出决断，因此需要我们从不断积累的经验中获得"独断力"。

如果没有独断力，就常常需要询问他人的意见，习惯听从他人的指示后再开始行动，无法独立做出决定。这样的人会活在别人的价值观中，受到他人价值观的左右，内心变得非常脆弱。

他人没有给自己提供意见就无法独立做出决断的人，往往只能跟在别人的后面走。

举一个较新的例子就是，在新冠肺炎疫情暴发时，日

独断力

本政府推行的"去旅行"活动。当时,"中央政府倡导人们外出旅行,但是地方政府又不欢迎游客到来,那到底要不要出门旅游呢?"类似这样的想法,让许多成年人变得像小孩子般无法自行做出判断。

有这类想法的人是由于在过去的生活中没有独立思考的习惯或没有做出决断的勇气而导致的。当然,以上只是笔者的一种假设。

为什么这么说呢?因为在现代日本,不用自己做出决定也可以"随大流"地活着。

需要做出决定的时刻,充其量也就是考哪所学校,去哪家企业就职,和谁结婚,搬到哪里去或者跳槽到哪家公司等情况。其他情况,只要听父母、老师、上司的话去做,在生活中也没有什么能让你在做决定时头疼的问题。于是,大多数人即使不用思考,人生也能不断向前迈进。但是,又有多少人可以忍受这样失去主体性地活着呢?这就是笔者撰写此书的初衷。

当然,我们有时候也需要参考别人的意见,甚至别人可能还会给出更优于自己想法的意见。此时,我们要学会接纳，但这并不意味着否定自己。或者可以说，当你真的感到迷茫的时候，可以咨询相关的专业人士。

笔者所说的咨询专业人士，仅限于"收集信息会导致效率低下""仅仅依靠自身判断会引发风险"等情况。例如法律、税务等问题，如果自己去调查、学习，要达到能够使用该专业领域的知识水平，需要耗费大量的精力和时间，这样做很不现实。此外，仅靠一知半解的、浅显的知识就做出判断，做出违反法律、损害健康的事的风险很高。因此，在这种情况下，付费咨询医生、律师、税务师等专业人士则比较合理。

但是，在吸收这类信息后，得出的答案必须基于个人的信念和价值观，不能被他人的价值观左右，保证是自己原创的，这才是为自己人生负责的态度。

为什么呢？因为越是下定决心"靠自己做决定""所有结果由自己承担"，就越能让自己变得独立。依靠个人努力收集信息，预设风险、难题或问题并提前想好解决之道，有时还能形成缜密的计划，行动起来也就更加轻松自如了。而且，无论得到何种结果，都

独断力

能下定决心由自己负责并接受现实；无论结果是否达到理想状态，都可以从容面对。

倘若一个人强烈的责任感已经根深蒂固，他就能从内心深处迸发出极为强大的能动性。相反，缺乏责任感，人就会变得被动。遇到风险、问题的时候，想法会比较简单，也会因为事先准备得不够充分而无法应对。此时，他就会变得不知所措或想要推卸责任。

再举个时间比较久远的例子。2011年9月，日本关东地区遭受台风"洛克"的袭击。在下班高峰期，由于公共交通全部瘫痪，街道上站满了无法顺利回家的人。有许多人坐在车站里，出租车上车点也排起了长队，电视上的新闻节目针对这一现象进行了报道。

实际上，这类情况在2011年3月发生的日本"3·11"地震中就已经经历过一次了，人们应该很容易就能预想到台风可能造成交通系统瘫痪。所以，像这样没有独断力地被环境裹挟，人们会不会觉得很不方便呢？

因此，在本书中，笔者希望结合自身及周围成功人士们的经验,谈一谈如何才能培养出时时刻刻保持合理思考的独断力。

目录

第1章　为什么要有独断力

如果自己无法做决定，别人就会帮你做决定 / 003

独断力是"我的人生我做主"的力量 / 006

不要在意别人的想法 / 009

"一意孤行"的人真的无法成长和有新发现吗 / 013

为什么一流的经营者不听从他人的意见 / 014

相信自己的判断 / 016

大家说的话不一定都是对的 / 018

学会独立自律地思考 / 020

别人的意见不过是他的人生心得 / 022

自我责任意识让我们把握人生的方向盘 / 023

否定自我责任意识的人是怎么想的 / 025

自由选择自甘堕落还是发奋图强 / 027

不要怪社会不好 / 029

独断力

第2章 独断力是兼具合理性和客观性的智慧

独断力是客观性的力量 / 035

不管是对还是错，只要自己接受就好 / 038

如何才能意识到自己被常识和固有观念束缚 / 040

无知之知的智慧 / 043

存在自己不知道的世界 / 044

用辩证思维完善想法 / 046

通过正反分析明白利弊 / 047

为什么买房要自己做主 / 050

理解偏见的存在 / 054

由成功或失败的经历带来的偏见 / 055

逃避现实 / 056

同调压力 / 056

操控认知 / 058

了解自己容易有什么样的偏见 / 059

抽象思维是描绘幸福的力量 / 062

无法从具象世界看到抽象世界 / 063

抽象思维和幸福的关系 / 066

事物的价值犹如万花筒 / 067

在"上游"拥有自己的人生构想 / 069

第3章 制造判断之轴

谁都不会教你如何做出重要的决定 / 077

了解自己最真实的感受 / 079

确立印证自己价值观的依据 / 080

学会自我认知 / 082

不再钻牛角尖 / 084

理解规则的本质 / 088

从通识开始学起 / 091

丰富知识和文化 / 092

来场知识格斗吧 / 095

经济合理性 / 097

有效利用时间 / 101

计算自己的时薪 / 103

用长远的目光看待问题 / 105

前车之鉴 / 108

独断力

要钱还是要时间 / 111

生命与健康 / 114

必须买损害保险的理由 / 116

区分重要和不重要的事 / 118

制定自己的生存战略 / 122

做好最坏的打算 / 125

减少小决断，专注大决断 / 129

什么事情该花时间，什么事情不该花时间 / 135

第4章 用独断力开拓人生的新篇章

反思自己过去做出的判断 / 141

在哪里决出胜负 / 144

独断力能提高预测能力 / 148

用一台电脑办公 / 150

储备家庭消耗品 / 151

市场暴跌 / 152

经验能拓宽选项 / 153

了解底层 / 156

拥有许多选项 / 159

把意料之外变成意料之中 / 160

做好两手准备 / 165

提高赚钱能力 / 167

"自由"才是成功 / 170

满足感和认同感 / 171

结语　**我们需要更多空闲时间**

第1章
为什么要有独断力

第1章 为什么要有独断力

如果自己无法做决定，别人就会帮你做决定

如本书开头所言，"即使我们没有自己做决定也能活下去""即使什么都没做，也总会船到桥头自然直"。

确实，在人生中，我们会遇到如升学、留学、就职、结婚、跳槽、创业等需要做出重大人生抉择的时刻，但实际上，人们最终又往往会"顺其自然""听从他人的决定"甚至"让他人给自己做选择"。

例如升学考试也是如此，有人会根据学校和培训机构的老师或是父母提出的意见做决定，或者会被诱导做出非自愿的选择，使得自己认为"我的分数估计只能考上这种程度的学校了"。

就业的时候也一样，选择就职公司时会看重公司的名气；看到同班同学应聘某家公司后，自己也跟着去应聘；还有因为收到了某家公司的录取通知后便放弃再自主进行其他选择。

独断力

　　进入社会后，上级下达任务，做决定的也基本都是上司，自己只要听指挥就好了。就算当上中层管理者，公司都已定下基本的发展方针，所以不用自己做出大的决定，像调职、换部门、晋升等也都是由上级（部门经理、总经理等）决定的。

　　在生活里，经历了恋爱长跑后，人会因为觉得是时候结婚了而结婚；买房会根据自己的年收入买适合的房子……像这样顺其自然地做决定（当然结婚、买房在某种意义上确实需要一些勇气）。

　　这么想来，在人生中的大多数情况下，我们都是被他人牵着鼻子走，由他人帮自己做决定的。

　　不过，这样或许能让自己遇到一些新的可能。例如，因为教练的推荐，自己得以从田径队调到足球队，从而在新领域里崭露头角、备受瞩目；或是原来以为自己不适合卖东西，却因为偶然的调动，在销售岗位上大展身手。有时候，让别人帮忙给自己做决定会让我们更有效率。例如在我家，买哪个新冰箱的问题，就可以由最常使用它的妻子来决定。

但是不管怎样，我们都希望能由自己来把握自己的人生。因为过往的许多次自主抉择，会给我们的人生带来"始终如一的感觉"。

始终如一的感觉由"可掌控感"（会发生的情况在自己的预想范围内，假如发生了意外的事情，自己也能很好地接受）、"可处理感"（即使陷入困局，也有克服困难的自信，能提前预想到会发生什么问题，自己或利用自己所拥有的资源去灵活地解决）、"有意义感"（能认识到无论在自己身上发生什么事情，都有意义，有克服困难后的价值感）构成。而这些都需要通过不断地自主抉择才能获得。

这种始终如一的感觉，能让我们接受自己的人生，认为自己这样的生活方式就很好。然而，没有始终如一的感觉的人，就会强烈地感受到自己被时代环境和社会变化所"操纵"。

例如在新冠肺炎疫情蔓延的今天，感到"被变化无常的政策绕得晕头转向"的人，就是典型的例子。而有始终如一的感觉的人会坚定地"做自己认为该做的

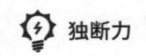

事""去自己想去的地方",并不会因此晕头转向。

独断力是"我的人生我做主"的力量

独断力,是指无论面对人生中的任何局面,都能自己思考并做出决定的能力。如前文所述,这是一种主动开创自己人生的、极具能动性的行为。也就是说,独断力让我们能把握自己人生的方向盘,自己的人生自己做主。

当你能完美控制你的生活,所有事情都如你所设想的一般发生时,这种掌控感还能让你感到满足。但这并不是说你就要完全不受别人的影响,而是要你自己能够控制受人影响的程度。这样就能排除负面影响,通过自我调整接受正面影响。

这样一来,就算受到网上的诽谤中伤,也能无视这些攻击;遇到如"炒股挣大钱了"般惊喜的事情也可以淡然自若。因此,提高独断力能让我们按"自己的节奏"生活。

"自己的节奏"乍听上去像是不顾及他人感受、以自我为中心。但这里说的"自己的节奏"并不是让你任意妄为,而是指不让他人打乱自己的生活,尊重自己人生的力量。

尤其在现代日本,人们的同调压力[①]非常大,如果做出异于常人的事情,就可能会遭遇网暴。在日本社会监视体制十分极端的当下,笔者认为要想活出自我,有"自己的节奏"非常重要。

例如被周围的人催婚、催生的时候,有些人会听从他们的意见。因为如果不照着做,就会觉得尴尬、难为情。或是明明别人什么也没说,但是自己会很在意别人的看法,认为一定要上大学、一定要让孩子读大学等。他人和社会带来的压力、攀比,明明都不是自己想要的,却因此而倍感压力,一些原本不存在的不安、焦虑

---

① 同调压力:日本的一种文化,指在特定的地区和群体内,多数人决定意见后少数人会选择沉默或者服从。——编者注

就在自己的"努力"之下产生。

常叹"活着真累"但其实并没有谁在真正地针对自己，这不过是自己强行制造出来的情绪。说是"丢脸"，实际上并没有谁在责怪自己，这不过是自己臆想出来的情况。之所以会产生这类情绪，根源就在于自己受到了常识和周围人的道德观的影响而摇摆不定。

在这种状态下，人们就会被他人的价值观所支配，受到束缚。明明有开启牢门的钥匙，为什么还要让自己置身于牢笼之中呢？只要我们拥有按照自己的节奏生活的力量，就能拥有自信，迈开前进的步伐。无论别人怎么影响，你都不会在意，因为自己有自己的生活方式。

就算周围的人都早已开始向前跑，自己也依然从容不迫地走自己的路；即使周围的人都停下了脚步，自己仍然会按自己的感觉朝前走；即便周围的人都向右转，自己仍旧相信自己而向左转。

虽然自己的成长和生活方式有时确实会受到他人的影响，但这并不意味着自己的人生就被打乱了。世俗的成功和自己所想的成功是不一样的，他人追求的幸福和自己追求的是不同的。所以我们的人生和周围的人并没有关系，只要自己认为是对的就好。

因此，自己的节奏是信赖自己价值标准的力量，也是基于这一标准行动的勇气。

不要在意别人的想法

笔者现在之所以能真实地感受到实现了人身自由，源于笔者做到了在自己做决定的时候，不去在意别人的看法。

为此，笔者曾绞尽脑汁地想该如何让自己尽量不受他人的指示、命令和干涉的影响。要做到这点，就要有"超人"的独断力。谁的话都不听，做重大决定时，笔者基本上不会和别人商量。

因为笔者在创业，所以公司的一切事务都需要由笔者决定，他人不得在一旁指手画脚。笔者可以自己挑选客户，只和与自己投缘的人合作。而且笔者和父母、兄弟以及亲戚是分开住的,所以他们也不会插手笔者的事业和家事。育儿方面,像是在社交网络上会有"应该这样做""不能那样做"等各种意见和议论,笔者基本上都会无视。因为"你应该这样做"这类看似他人的好心建议,实则是提建议的人想要将自己的价值观强加于人的表现。

养孩子的责任在于自己,不在于他人。即使听从了意见,提建议的人也无须为你承担任何责任。现在只需上网搜索就能查到许多信息,也能买到专业的书籍,可以说育儿的烦恼比以前要少得多。

人们一般会认为有钱了就要买新车,要住在市中心的高级公寓里,但是笔者并没有选择随大流,而是在东京附近的千叶县郊外建了一栋兼具自住和出租功能的住宅。无论是选择建筑施工单位,还是设计和规格,几乎所有的事情都由笔者自己做决定。

就算是看着挣钱的工作,如果笔者觉得没什么意思也不会去做。笔者会选择性地接收信息,并筛选可以交往的人。当然,笔者也不会去追回离自己远去的人,还会无视和屏蔽自己不想要的信息。

笔者的行为可谓是"天上地下，唯我独尊"。不接受别人的命令，不让别人对自己指手画脚，一切都由自己做主。对笔者而言，这样反而没有了任何困扰。

你可能会认为笔者是一个性格非常不好的人，但因为笔者并没有对他人态度恶劣，所以也没有引起过任何纠纷。笔者的一切判断和行动都有理有据，笔者对每天的生活感到相当满足，认为自己的生活质量非常高。

不过，如笔者之前所言，要是身体不舒服还是要去看医生，有法律问题就要咨询律师，财税等问题要与税务师商量。除这些专业领域之外，笔者感觉独断行事基本上没什么让人苦恼的地方。

也许有人会说："那社会没法运转了。"并不是这样的，因为其实有勇气任性的人并不多。又有人会说："不听他人之言是无法成长的。"这也不是问题。为什么呢？虽然这么说有点自视清高，但是在笔者周围，基本上没有比笔者精神更强大的人。而且成长本来就只是通往幸福的手段，并不是目的，只要能达到目的，即感

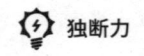

到幸福，不管用什么手段都可以。

当然，笔者可能说得有点极端，但如果能做到不在意别人的想法，你就能活得更简单，就有希望轻松取得人生的胜利。这里并不是让你要目空一切、自命不凡，而是指要专注于自己的追求。

那么，假如自己和这个世界脱离了，会有什么样的困扰呢？对笔者这种从事写作，将信息传播给他人的人来说，与世界脱离反而能站在与大众不同的角度看问题，找到不同的突破口，从而有新的发现，这反倒是件好事。

即使真的变得自以为是或独断专行，但如果拥有独断力的话，就算面对一些问题，也能及时进行自我反思。关于这点笔者会在后面进行更详细的论述，因此不必担心自己会与社会脱离。而且，一些具有创新性的东西，反而更需要人变得"自以为是"和"独断专行"。初创企业的经营者们如果做不到自信且果断，企业就会低效且缺乏机动性。

从这个意义上来说，特斯拉和美国太空探索技术公司

（SpaceX）的首席执行官埃隆·马斯克（Elon Musk）就做得很好，正因他的自信和果断，才能有许多创新。

虽说无视别人的意见会有误入歧途的风险，但只要拥有独断力，就能破解这一难题。而且，在许多情况下，别人的意见也有可能是错误的。

更何况只要能摆脱偏见，以更客观的角度去审视人和事物的话，还能减少很多需要请教他人的地方，关于这点之后会进一步进行讲解。

"一意孤行"的人真的无法成长和有新发现吗

我们可能会听到一些人说"不听别人的意见是无法成长的""一意孤行会难有新发现"。

但是独断力并不意味着要完全无视或拒绝接受别人的意见，也不是要阻止别人提建议，或是捂住耳朵道："我不想听。"这样的行为不过是在逃避现实和停止思考罢了。更不是真的要让人自以为是、固执己见，这种

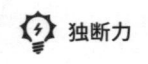

做法只能说是"一根筋"。

倒不如说独断力是让我们能够灵活思考，摆脱僵化的思想，然后做出最适合自己、最让自己满意的判断的能力。

确实，有时候我们会听到一些自己想不到的意见，有时这些意见会让人醍醐灌顶，所以并不能以偏概全，否定一切意见。如果别人的意见有参考价值，我们便可以积极地采纳，如果没有参考价值就可以选择忽略，独断力就是这样一种具有能动性的信息选择取舍能力。

为什么一流的经营者不听从他人的意见

笔者遇到过许多创业家和企业经营者，特别是一些白手起家的中小企业经营者，他们中的许多人都不会和别人商量，也不会听别人的意见。

笔者推测他们之所以这样做，是因为他们作为企业的高层本身就拥有这个事业领域最优秀的想象力和判断力，而他们只有比同行的其他公司经营者更优秀才能成长并立足于业界。也就是说,在经营者的身边,基本上没有想法和主意优于自己的人,所以和周围的人商量也不过是在浪费时间。

当然,在和别人谈话的时候,自己也能从中整理思路,通过观察他人的反应和倾听他人的意见,有时可能会让自己的想法升级,但这主要是对一些普通人而言。正是因为这些经营者们拥有高度自省、理性的独立工作能力,所以才能成为创新者。而且,因为不用和他人商量,所以做决策时也更为高效。特别是一些合资企业,之所以机动性强,不仅是公司和人员结构的原因,还因为这些公司的经营者具有这个优点。

"经营者是孤独的"这句话并没有负面的意思,只是指出了经营者掌握主导权的状态。

许多工作决定都是经过权衡后做的,但是这样的话就容易受到两头的影响。例如,即使从战略上来说,企业需要从某项业务中撤退,但是容易被因此丢了饭碗的人记恨。而经营者就是承担着这份社会责任担任"董事长"一职的,所以无论周围的人给出什么意见和反应,

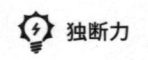

最后都需要由自己做决定。

另外，最近社会形势风云莫测，过去的成功经验已不适用于这个时代了。人工智能（AI）、基因组、区块链等技术创新正以迅猛之势发展起来，同时新兴企业也层出不穷，不断地推出崭新的创意商品和服务。

这是一个在过去的发展历程中始料未及、前所未有的时代。在这样的时代环境下，即使把他人的意见作为判断的依据，如果没有确实的根据，谁都不能保证这些意见是对的。

听从他人的意见，无论最后成功还是失败，都没办法验证这些意见的可靠性，也无法提高自己的决断力。如果失败了，反而徒留后悔。所以，我们需要拥有独断力。

相信自己的判断

相信自己的判断，容易给人"自行其是"的印象。

第1章 为什么要有独断力

实际上，有不少成功人士就是这样的人。苹果公司的前首席执行官、已故的乔布斯和英国维珍集团①（Virgin Group）的品牌创始人理查德·布兰森（Richard Branson）就是典型的例子。前文中提到的马斯克也是这样的一个人，他会以极其认真的态度下达人们认为不可能完成的任务，并提出了看似矛盾的要求，他也因此行事风格而闻名。

例如在特斯拉的时候，马斯克曾提出："要在4个月内建好新工厂。"在从事宇宙开发业务的太空探索技术公司时，他又提出了看似无理的要求："火箭的零部件成本要降到十分之一。"

然而，特斯拉推出的Model S系列，明明能源经济性只是丰田普锐斯（PRIUS）的2倍，加速却比保时捷还要快；明明只是大型轿车，空间却不亚于多用途汽车（MPV），甚至还能坐下7人。

---

① 维珍集团：英国最大的私营企业，经营范围涉及航空、旅游、娱乐等多个领域。——译者注

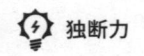

特斯拉的成功就在于马斯克不做权衡,而这在汽车行业中很少有人能做到。

当然,马斯克也会在专业领域采纳专家们的意见。笔者认为他这样做是为了加深自己对专业知识的理解,以便发现创新的空间。如果只听从他人的意见,这样的创新很可能就不会产生。即使周围的人劝说"还是放弃吧""不可能的""这是无谋之举"也没关系,只要自己想做、想尝试、认为应该做的话,谁都无法阻止你的行动。

只有根据自己的意志做出决定,才能变得更有责任感、更有觉悟并且拥有强大的动力。所以,可以说"经营者是孤独的"指的是经营者对承担最终责任抱有着觉悟。

大家说的话不一定都是对的

过去的经验让笔者懂得了一件事,那就是"大家

第1章 为什么要有独断力

说的话不一定都是对的",这样的想法在近年来尤为强烈。

2003年,当笔者决定开始从事不动产投资的时候,周围的人都劝笔者放弃,因为他们觉得不动产投资"很可怕""很危险"。然而正是因为笔者从事了不动产投资,不仅实现了经济自由,如今这种投资方式还成了笔者常用的理财手段。

2017年,笔者开始进行虚拟货币的投资。那时跟他人论及此事,他们都会觉得"很可疑""有风险""这是什么"等。但是笔者认为比特币、区块链技术等领域十分有潜力,所以笔者就以10万日元换1比特币的价格购入了虚拟货币。在笔者写此书时的2021年5月,1比特币的价格已经超过了300万日元[①]。

---

① 此为作者的个人行为,投资有风险,需谨慎对待。——编者注

独断力

学会独立自律地思考

笔者建议大家不要太过在意别人说的话,要靠自己的大脑多加思考。这并不是让大家看不起别人,高高在上地认为自己很优秀,别人都是凡夫俗子,或是认为自己是天选之子的意思。笔者想表达的是"他人的想法和发言并不完全可信",这是因为大多数人都只会感情用事而不会理性判断。

笔者也不是让大家变得无情,只是建议大家在被情绪左右之前,更应该理性判断。很多人还会在毫无根据的情况下对他人指手画脚,"你要这样做""你应该要这样""不能这么做"等,给对方施加压力。

例如,有很多人认为要预防"孤独死[①]"。实际上,这样的报道能成为社会话题,是因为有许多人认为"孤独死"是不好的事情。为什么人们会这么想呢?

[①] 孤独死:指独自生活的人在没有任何人照顾的情况下,在自己居住的地方因突发疾病等原因而死亡。——编者注

第1章　为什么要有独断力

"为什么一定要预防孤独死呢?"

"因为看起来好可怜。"

"但是可能本人死而无憾呢?"

"不可能,谁都不想在没人陪伴的情况下独自死去。"

"所以老年人就应该在亲朋好友的守护下走完最后一程。"

但其实这样的想法都是人们的固有观念。

本来并没有规定"孤独死好可怜",只不过人们这么觉得而已。也许有些人虽然"孤独死"但死而无憾,或是不想让别人看到自己死去的模样,然而人们却习惯以自己的标准来评判别人的幸与不幸,这是自作主张的表现。

不过如果本人没有察觉到自己被固有观念所束缚,就难以从中摆脱出来。因为这些人会偏执地认为自己是对的,自己的行为是正义的。

独断力

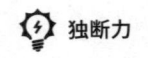

别人的意见不过是他的人生心得

除了上文中提到的"孤独死"之外,我们每个人遇到同样的事情和状况时的感受和理解方式都是不同的。例如,有些人认为"雨天让人抑郁",但是笔者反而会觉得雨声能让人放松,特别是想专注于工作的时候会很欢迎它的到来。

看到网上诽谤、中伤他人的言论时,许多人的心理都会受到打击,而笔者只会因为又有许多被打击到的脆弱人类上钩了,而感到滑稽。

因此,不同的人的感受是不同的,因为每个人的经历不同,使得不同的人看待和理解事物的方法、习惯和喜好都有所不同。这没有什么谁对谁错,只是我们每个人的想法决定着我们不同的发展方向,而这种思维习惯是影响我们人生方向的一个重要因素。

不同的人有不同的思维习惯,不存在对每个人都能够有效的方法,所以,我们需要有想出属于自己的解决方法的态度和能力。实现这个目标的其中一个方法就是笔者下面要谈到的"自我责任意识"。

自我责任意识让我们把握人生的方向盘

笔者在前言中也提到,独断力本质上是以"为自己的人生负责"为前提的生活态度。

自我责任意识,就是指要为自己的人生负责。这并不是让你瞧不起别人,而是让你有"自己决定自己的事,并坦然接受结果"的觉悟。让别人帮你做决定,一旦结果不如意则容易心生不满,而且把错归咎于别人、公司、政府和社会,是无济于事的。对他们越是期待和依赖,一旦遇到与期待相反的事情时,就越会因为感到遭受背叛而生气。连自己都不能对自己的人生负责,人生又谈何有希望可言呢?所以自己人生的决定权不能让给他人,要自己思考后由自己做出决定。

这样强烈的自我责任意识,能让我们尽可能地不受他人、环境和社会的负面影响。不再依赖别人,就能在面对问题时锻炼自己思考并解决问题的能力。就算受到了负面影响，也会有意识地靠自己的力量去改正和完善。

当然，如果是突然生病了或是汽车被人追尾、遭遇壮汉袭击等事情时，并不都要自己承担一切责任。但除了这些生病、事故等不得已的事由之外，无论发生什么事，都要有觉悟对自己的一切负责。

例如有人会说："上司太没用了，我工作都没有干劲了。"自己的工作动力被别人左右，这么想的人不觉得这样的自己其实很不成熟吗？因为"上司太没用"所以自己就没有动力工作，那真是让人遗憾。因为别人没有能力自己就没干劲，不正说明这样的人很没有责任感吗？

如果对方无能，那么既然自己有能力那帮对方就好了。与其只会说别人没用，倒不如提点别人应该怎么做。如果对方不理解自己，就要思考怎样才能让对方理解。如果还是没用的话，那就自己去实践。把事情做成功的话，身边人的想法可能就会改变。还是不行的话，那就跳槽好了。

这么想来,面对这些情况时,我们不应该消极怠工,而应该主动出击,因为办法总是多过问题的。

否定自我责任意识的人是怎么想的

对此,有人会认为"什么都要自己负责,这不好""这是要放弃当弱者吗""社会变得真残酷"等,从而否定自我责任意识。

择校、就业、结婚等,在我们的人生中会面临许多选择和状况,这些都是他人安排给我们的。我们在面对这些状况时,只能尽量做出最佳的选择,如果过得不顺,就认为给我们这种环境的人是责任方,这是一种被动的想法。

这么想的人会觉得"我明明也很努力,为什么还会过得那么不顺呢?我又不差,也不是不努力,都是创造这个环境和状况的人的错,不能怪我"。也许你会觉得这么说似乎有些道理。但是这些只会抱怨的人都有同样的思路，那就是当有什么不满时，明明可以自己做出改变，或是提出意见，又或是离开不适应的圈子等，有很多选择，但是自己却什么都不做，只会不停地抱怨，这样必然是不可取的。

不知大家是否注意到这些都是停止思考的表现呢？这些人面对困难时，只会想着"不怪我，都是别人的错""这应该由别人来做"，而不会自己想办法解决问题。这种表现就是"停止思考"。

因为认为自己是被动方而停止思考，所以他们不觉得这样很奇怪。即使他们觉得奇怪，自己也不会承认；即使承认奇怪，他们自己也不会因此试图主动做出一些改变，自己最终也只会顺着事态发展并接受它，最终，他们就会完全被别人左右。

因为不幸的遭遇而感到痛苦，绝望之下这些人只能在社交网络等平台怨天尤人。就像面对那些反对自我责任意识的人，要是只会对他们进行抨击和贬低的话，是不是令人感到很悲哀呢？

为了不这样活着，我们就要坚信："无论是自己的人生还是周遭的环境，自己都能创造和改变。"只要有这样的意识，就能在遇到问题时主动去解决。

所以在往后的日子里，"这不会有点奇怪吗"，当像这样感到不对劲的时候，就要朝着"那么自己该怎么办？"的方向思考，也就是要思考和行动起来。

自由选择自甘堕落还是发奋图强

有人会因为贫困而抱怨。当然，谁都不想没钱，因此选择自甘堕落还是奋发图强也是个人的自由，是自己的责任。

在无法强制别人学习和辛勤劳动的日本，努力的人和不努力的人之间很容易产生贫富差距。也有人表示："自己是实在不得已才会从事工资低又不稳定的工作。"但既然如此，只要磨炼出可以不用在这样的公司上班的能力就好了。

独断力

即使是一些黑心公司，也仍然会有人投简历和参加面试，并决定进入这样的公司工作，做出这些选择的都是他们自己。没有人强迫他们投简历和面试。辞职、跳槽也同样是个人的自由，没有人能阻止。

有人会辩解说："自己没有机会。"但其实这是一种错觉。我们可以去图书馆免费阅读最新的相关专业书籍，网上也有公开的世界名牌大学的免费课程，所以就算读不了大学，也能通过上网课掌握专业知识、提高自身素养。

笔者过去经营的一家公司也曾因业绩变差而濒临破产，笔者甚至要拿自己的薪水补贴公司，只能搬到月租5万日元的旧公寓里住。但即使如此，笔者仍然能因为发现家附近有便宜的烤鸡肉店这种小事而开心，也会在能无限续杯的咖啡店里待上好几个小时，享受着品尝咖啡的悠闲时光。

虽然没有钱，住的地方也很寒碜，但只要抱有希望，相信一定会有办法，人生就会变得舒心畅快。问题不在贫穷上，而在于总喜欢和比自己有钱的人比较，对自己的贫穷感到悲观而自甘堕落的心态上。

这么说可能又有人会反驳"人不抱希望是因为受到了别人影响""因为对未来不抱希望"等,但是,是否有希望的问题在于本人的意志,这不是由谁给予的,梦想也不是谁让我们拥有的。

眼前出现的事和状况也是由本人的自由意志而决定的结果,我们可以自由选择未来。只要自己抱有希望,人生就会散发光芒。如果自己把希望抛弃,人生就会变得黯淡。你的选择没有对错,看你自己想要过什么样的人生,这是一个自由的选择。

不要怪社会不好

一些学者和评论家会认为"社会不好""必须要改变社会",但是他们并没有认真地思考。那么,这些人说的"社会"指的又是什么呢?

假设社会真的不好,提出社会不好的人要是不能想出具体的解决对策或是能评判社会好坏的标准的话，也不过是纸上谈兵而已。这类人没有深入挖掘其中的原因，提出的问题太过空泛。

当要解决问题时，如果仅停留在"社会"这个空泛的概念上，而不能更深入地思考，那么问题的解决之路可谓是道阻且长。

以前在网上的《教育评论家》栏目里看到过这样的话："要让社会变成容易育儿的社会。"但是人们并没有对这个意见进行进一步思考和行动，所以很遗憾社会没有太大的改变。

实际上，当你试着思考这一问题的具体解决措施时，解决方法是否浮现在你脑海里呢？是打算用贴海报、发传单的形式让人有所启发吗？这样做真的有用吗？要真有用的话，世界上所有的犯罪、霸凌、虐待就都会消失。所以要想解决问题我们就不要推卸责任，要先改变自己，从我做起。

只要坚持富有责任感，就能预料、想象到自己身上会遇到的各种情况，并做到未雨绸缪。即使出现了问题，也能主动去思考该怎么办，然后采取行动。

把责任归到他人身上的人，不会把问题考虑和想象得那么完善，也不会做好相应的准备。在发生问题时，他们又会哀叹自己的不幸，把错误推给别人，这样只会让自己的人生过得无比艰难。

所以笔者认为要想成为没有烦恼，拥有幸福人生的人，就要有"自我责任意识"。

第2章

独断力是兼具合理性和客观性的智慧

第2章 独断力是兼具合理性和客观性的智慧

独断力是客观性的力量

提到"独断",总给人一种与世界脱离、缺乏客观性的印象。但是本书中所说的独断力,并不是指"过分自信""自行其是""认知扭曲",而是指尽量客观地看待事物的判断能力,且是靠自己独立完成判断的智慧。

为此,我们需要更了解自己,知道自己想要什么样的幸福,即使与别人的想法不同也不会动摇。要有不进入过分依赖别人、自行其是的死胡同里,倘若意识到自己认知扭曲,就要立即纠正。

然而实际上,包括笔者在内,大多数人都会认为自己比别人更客观,过分自信地觉得自己保持客观的能力在社会的平均值以上。就像在某次调查中,回答"自己的驾驶水平超过平均值"的人占7成以上一样,人们会把自己的能力预想得比实际要好。

独断力

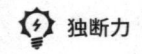

这就是著名的邓宁-克鲁格效应[①]，其实验结果简言之就是：

底层人群和精英人群的自我认知能力是存在差异的。
能力欠缺的人无法正确评价自己的认知水平。
能力欠缺的人无法正确评价他人的能力。
能力欠缺的人有夸大评价自己的倾向。

也就是当认为自己在平均线上时，就证明了自己属于能力有所欠缺的人群。这样的结果连笔者都觉得很是刺耳。

确实，自己的性格、长相和衣着打扮等方面，别人提的意见可能会更加客观、真实。这么说来，笔者自己选的衣服就总是会被妻子说"土"。

自己的喜好在别人眼中可能完全是不一样的。就像

[①] 邓宁-克鲁格效应：指能力欠缺的人无法认识到自己的不足，常常高估自己水平的一种认知偏差现象。——译者注

录下自己的声音后进行试听，感觉像是在听别人的声音一样。我们给别人的印象可能跟我们自己想象的完全不同，从这点上看，就能理解为什么自己无法客观地看待自己了。

但是，判断也是如此吗？

判断和别人的看法是两回事，它是与自己的能动性相关的意志上的决定。别人的看法并不总是客观的，不同人的价值观和性格让他们的看法存在差异。

例如，就算别人对你说："你穿裙子比裤子好看。"但大概率你还是不会穿裙子，因为穿裤子可以让你的行动更方便。因此，不管别人的意见再怎么客观、正确，对你来说也是无用的。

以前服装搭配师建议笔者："午堂先生的肩比较窄，穿西装会很帅哦！"但是考虑到每天的工作情况，穿西装会让笔者拘谨不自在，而穿休闲装会比较舒服。所以比起把自己打扮得帅气，笔者更加优先考虑舒适性。

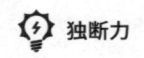

不管是对还是错,只要自己接受就好

我们无法消除所有的偏见,所以我们不可能总是做出正确、恰当的判断。

例如当我们认为自己对的时候,但在别人看来却是多管闲事,因此判断没有客观上的对与错。再例如前文提到的有关穿衣的例子,每个人都有自己的喜恶偏好。即使从某种角度来说他人的意见是合理的,但是自己却觉得没意义、无法理解的话,对于自己来说这就是不合理的。

登山时看到前面是一条险峻的道路,但想的却是山上的景色一定很美;有些孩子很喜欢跳入水坑玩水,即使自己全身湿透了也并不在意,反而玩得很开心。

我们一般都会依赖自己的经验,但是每个人的经历不一样,从中得到的感悟也不一样,在做判断的时候容易带有自己的感情,所以就算是在同样的场合,不同人做出的判断也不一样。因此,不管是谁,都不可能做到绝对客观,而在自己的主观上带有客观性地判断则是比较理想的方式。

这里重要的是确认自己能否接受自己做出的判断。如果感觉能接受,那么无论结果如何,自己都要坦然面对。若是做出的判断能让事情顺利地进展下去,自己便会感到满意;但若是不顺利,也不要感到沮丧,而是应该冷静地自省接下来该怎么办。

要让自己接受做出的判断,笔者认为需要做到自己决定、控制、把握这三点。

自己决定,就如字面意思,就是由自己来决定跟自己相关的事情,自己的人生自己做主,用自己的头脑思考,对自己做出的判断负责任,这是接受自己做出的判断所不可或缺的重要因素。好比创业家和经营者,他们就算长时间地投入工作也很少出现抑郁或者过劳死。这是因为跟工作相关的一切事情都是由他们自己决定的。反之,自由决定空间较小的上班族,就容易在工作中感到压力。

自己控制,就是能对与自己相关的事情做出确切判断的掌控感。当人不如意时会感到有压力,但是人在过得比较顺利的时候，会满足于能真实地感受到自由控制自己人生的感觉，这就是人生在自己的支配之下的掌控感。

自己把握，就是在某种程度上能够预测自己的未来，并能跨过将来可能遇到的障碍。这能让我们减少对未来的不安，减少面对未知时的恐惧，使我们的未来充满光明和希望。但是这需要我们积累一定的人生经验，有能自己解决问题的自信。这可以帮助我们克服困难，在复杂的人际关系中游刃有余。越是经历过挫折的人，越能勇于面对各种问题，越是相信总有解决办法。

拥有独断力就是能够接受自己做出的判断，笔者认为这是构建幸福的一个重要因素。

如何才能意识到自己被常识和固有观念束缚

常有人说："我们常常会被常识和固有观念束缚。"笔者也是这么认为的。

但最大的问题是，被束缚的人常常不认为或没意识到自己被常识和固有观念束缚。因为他们不知道被常识和固有观念束缚的状态是怎样的，所以自然意识不到自己受到了常识和固有观念的影响。

因此就算他们再怎么主张要摆脱这些束缚，也没有什么效果。因为嘴上说着要摆脱束缚的人正是被束缚着的人，他们就这样陷入自我矛盾之中。不过在此，笔者还是主张各位摆脱常识和固有观念的束缚。

下面举几个例子帮助大家更好地理解笔者的观点。有的人一边声称这是一个多样化的时代，一边发布一些蔑视女性的言论。他们辩解说男尊女卑也是多样化的一种，全盘否定这一观念就是在否定多样化，这是自相矛盾的。

有的人经常把"这家伙什么都不懂"这类批判别人的话挂在嘴边，但其实批判者本身并没意识到自己才是什么都不懂。因为自己什么都不懂，所以才会在批判别人的时候指不出其存在的具体问题，而陷入自我矛盾的困境之中。"不能只批判"，像这样的言论也是一样的道理。

为了可以更客观，我们需要从自我矛盾的困境中摆脱出来，为此要反复自省："被常识和固定观念束缚的人，难道不是我吗？"

常识是大多数人的思考模式和行动模式，即大众的想法，所以遵从常识相当于走大众之路，这么退一步分析就比较好理解为什么要摆脱这些束缚了。

另外，常识是因为某些目的和原因才存在的。"这点常识都不懂吗？""这不是谁都知道的吗？"说这些话的人又是否能够用自己的话说明为什么这些是常识，这些都是谁知道的事呢？

仅仅是为了耍赖，为了让自己的价值观正当化，他们就认为自己主张的事是常识。但实际上，他们自己也不清楚为什么这些事是常识（或者他们根本就没想过这个问题）。

常识就是和别人一样，所以也不用深入思考该怎么做。因此，可以说跟随常识就是停止思考。

所以，我们首先需要意识到自己心中存在着常识和固有观念，然后要认识到自己也有不知道的事，自己的想法也有错误。这是一种高度理性的自省，可以让你冷静地意识到自己被什么束缚，并有勇气接受这一现实，这是分辨能否客观的分界线。

无知之知的智慧

意识到自己被常识和固有观念束缚并没有那么难，当我们被别人的言行冒犯的时候、不想听别人的批判和说教的时候就有可能是被常识和固有观念束缚了。

因为人们想用自己的常识和固有观念评价别人，所以看到别人和自己不一样时会感到不满。许多网络暴力也多是在把自己的想法强加于人，这些行为其实都是被常识和固有观念束缚的表现。

发现这些问题并不难，但真正困难的是承认自己的错误。

大多数人因为自尊心作祟，总认为自己才是对的、自己比较聪明，不愿意反省或承认自己可能错了。所以不会质疑自己所认为的常识，也不会摒弃固有观念。

有一种智慧叫"无知之知"，意思是认识到自己的无知，这是一种大智慧。

只要不是全知全能，我们所说的"知道"就是一种限制。大型书店里充斥着庞大数量的"人类智慧"，越是阅读这些书籍越会发现自己不知道的地方竟然有那么多。所以我们需要认识到自己的无知。但是实际上，大多数人连自己有不知道的地方这点也认识不到。

只要能跨越这道难关，就能获得更大的智慧，但是这需要我们承认自己的无知，而这点非常难做到。

存在自己不知道的世界

不知道各位有没有听说过《进击的巨人》这部超人气漫画？

故事讲述的是人类为了摆脱巨人的威胁，生活在被城墙包围的世界里。除了需要到墙外进行调查的专业部队"调查兵团"外，不允许其他人出墙。为此，调查兵团需要戴上可以让他们飞檐走壁的"立体机动装置"与巨人战斗。除了调查兵团之外，几乎所有市民都只能生活在墙内，他们只知道墙内的世界。于是，墙内的现实情况成为绝对，他们认为自己所见的就是一切，就是正义，就这样形成了根深蒂固的固有观念。

自己所知道的世界是绝对的，"这不符合我的圈子""这不符合我们公司的观念""这不符合我的认知"，就像这样误以为只有自己是正确的。

人们戴上立体机动装置站在墙顶，不仅能看到墙内的世界，还能看到墙外广袤的世界。但是因为地球是圆的，所以人们即使站在墙顶也看不到地平线的尽头，不知道尽头的那一边是怎样的世界，这会让人想象力大开。对面是不是自己不知道的世界呢？是不是有自己没看过的人、动物以及美丽的风景呢？于是，见识到墙外风景人们就能知道自己看到的世界并不是全部，明白了自己知道的世界其实十分狭隘，仅仅是广袤世界的一

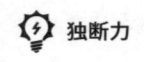

小部分。

当认识到有自己不知道的世界时，我们就会刷新自己过往的想法，坦诚接受新的认知，并会谦虚地自省自己曾经的行为是否存在错误。

用辩证思维完善想法

要想摆脱固有观念的束缚，接受自己做出的判断，其中一个办法是将自己的想法和与之相反的意见融合，成为自己的东西。这样做出的判断是有理有据的，可以抵挡住批判。

在接触到与自己不同的价值观和观点的时候，有可能会觉得这些观点比自己的判断更加合理。如果你觉得这个判断真的很好，当然可以采纳并完善自己的判断，但是笔者建议尽量还是避免这样的变动。

为了让自己不要临时改变主意，在做判断的时候，我们可以尝试独自扮演正反两方，对自己的判断进行辩论，分析出优缺点，从而完善自己的判断。

通过正反分析明白利弊

如果每个人都能用心思考，就会出现不同的意见，从而有利于你做出正确的决策。

在欧美有"魔鬼代言人"（Devil's Advocate）的说法，指的是在讨论时，有人故意提出批判或反对的论调，从而让讨论更深入，补充和加强论题的正当性。而这里笔者要提出的正反分析也是一样的道理，即不管我们站在哪一立场，都要试着从正反两方的观点出发看待事物。

具体来说，就是列出事物的优点和缺点并加以比较，这种方法就是所谓的"单人辩论"。例如，针对"核能开发应该禁止吗？"这一论题，自己既是正方也是反方，然后自己进行一番辩论。这么做不是为了让两种意见对立，而是为了能对比论点，找出更有说服力、更能让人接受的意见,这个过程需要自己独立完成。

几乎所有人都偏向接受和自己想法一致的价值观和意见并予以支持,同时往往会否定和自己不同的价值观和意见。在某种意义上,人当然更想自我肯定,如果被人否定则会感到不愉快。

例如自己买了房子后,就会赞同"有自己的房子比较好"的主张,而反对"买房就是愚蠢的做法"的想法。但是这样不过是单纯的感情用事。因为对能够做出理性判断的人来说,即使面对与自己想法不同的意见时,他们也只会说:"这是和我想法不一样的人。"并不会对此过分在意。他们认为自己能做出让自己接受的判断,别人的意见不过是别人的,只是自己的想法和别人的不一样而已。

笔者也经常被网上的一些"键盘侠[①]"攻击,有人会在网上留言说:"你的言论很奇怪。"然而这些刺耳的

[①] 键盘侠:网络词语,指在现实生活中胆小怕事,而在网络上占据道德制高点发表个人言论的人群。——编者注

评论基本上只是在反对，并没有提出明确的依据。可以说他们不过是在单纯地攻击别人而已，因此笔者一点都没把这些话放在心上。

如果仅是因为别人的意见和自己的不一样就进行反驳，是无法吸收和接纳新的意见的；如果自己的固有观念根深蒂固，是没法做出合理的判断的。

为什么呢？因为是过去的判断塑造了现在的自己，如果对现在的自己不满意，想要改变，但却依然做出和以前一样的判断，那么自己的人生是无法进步的。自己也可能因知识和经验不足，而做出有失偏颇的判断，所以在自己并不熟悉的领域上，可以多阅读专业书籍，多听取专家的意见。

例如没有跳槽经验的人想要跳槽，可以和跳槽成功的人交流，同时也听取跳槽失败的人的意见，就能对自己的情况进行比较全面的分析。

如果想买房，就可以看建议读者买房的书籍，同时也可以阅读建议读者不要买房的书籍，和自己的价值观做对比。

独断力

如果能独立完成这些工作,即使往后遇到强势的反对论调,也不会被这些意见动摇,还能对自己的意见充满自信,接受自己做出的判断。

为什么买房要自己做主

上文谈到了买房问题,接下来就此进行详细叙述。虽然买房可能要花很长的时间还房贷,但是笔者也依然买了属于自己的房子。

因为笔者很重视自由,所以笔者想过就算一辈子租房子也没关系,轻松最重要。租房能灵活应对如收入、职业、家庭等生活上的变化。而且,租房完全不需要考虑因房价涨跌、房屋修缮、自然灾害带来的损失,住不习惯的话,只要搬家就好了。能配合自己的情况自由变化居住环境,是迈向自由的一大步,所以租房可谓好处多多。

但是在孩子出生之后,笔者的想法变了。笔者想趁

第2章 独断力是兼具合理性和客观性的智慧

孩子还小的时候，带着他一起散步，一起玩接球游戏，看遍山川，让他在各种各样的环境中成长。

然而，孩子出生的时候，笔者和家人还住在位于东京市中心的公寓里，虽然对于笔者和妻子来说，住在这里离工作单位近，通勤更加方便。但是去公园的路上交通情况比较复杂，带孩子去很危险。从东京的城市布局来看，让孩子能够更多地接触大自然的难度很大。

另外，未来如果有更多的孩子，在东京租大公寓的房租也很贵。每月大约需要15万日元的房租，按住10年计算，一共需要支付1800万日元的房租，每两年还要交更新费[①]和火灾保险费，加起来约2000万日元。这些钱花出去了却好像什么也没留下，笔者感觉很浪费。

笔者也考虑过分期付款买公寓，但是这样又有很多麻烦和限制。首先管理费就是个问题。像公共设备的修缮和将来改建等问题一般很难和别人的意见达成一致，

---

① 更新费：日本租房条例中的一项费用，租户在延长租约时必须支付。——译者注

所以想要修缮自己的房子会很麻烦。明明是自己住的房子，但是却感觉很不自由。因此，从希望自己掌控一切的角度来考虑，建独栋房屋是最好的选择。

但建独栋房屋还是有一些麻烦。虽然还房贷和交租金的花费差不多，但是一旦买房就得背负35年的房贷，这方面是存在风险的。而且一般的木制建筑会随着时间的流逝而贬值，还完房贷后，买房子花费的钱几乎相当于只买了一块地而已，而光买一块地又实在没什么用处。当借完贷可以买房的时候，如果能贷出比房贷的还款额还要高的金额，并能超过剩余的债款的话，可能可以改善自己的经济状况，但是如果情况相反的话，房子就会变成拖后腿的存在。

经过一番思想挣扎，笔者最终决定建一个兼具自住和出租功能的公寓，也就是把房子建成出租公寓，自己和家人也可以在其中的部分房间里居住，剩余的房间用来出租。这样，出租获得的收入就能填补房贷，还能补贴一部分家用。

以后即使想临时换个地方住，只要自己的公寓能租出去，就能大大增加收入。再加上本来笔者也没什么还款负担，所以用超低价出租房屋肯定能吸引房客。而且笔者选的地方也是租房需求高的地方，找房客并不是什么难事。

买房的时候，笔者几乎是全额贷款，在还贷期间也没怎么贴钱，卖房时，就算以低价卖出也不太会心疼。不用烦恼房子要还多少贷款、卖出去多少钱等问题，真的十分轻松。

于是，从2016年到现在，笔者都住在兼具自住和出租功能的公寓里，既自由又不用花钱，真是快活。但是也有不好的地方，例如自己在总工程费上的开销比较大。另外，卖房的时候也会比预想得要难。因为很少有人能够理解租住并用住宅这一概念，所以很难找到买房的人。

不过万事万物总是有利有弊的。笔者认为世上没有只有好处或只有坏处这种过于绝对的事情，这样的想法让笔者拥有了能客观看待事物的能力。

独断力

理解偏见的存在

如前文所述,我们无法总是客观、正确地进行判断,我们的价值观会被自己过往成功或失败的经验左右。这些都是由偏见造成的,这样的偏见时而能为我们带来好的结果,时而又会带来坏的结果。

为了不被会带来坏结果的偏见左右,需要我们了解自己存在怎样的偏见,在什么情况下容易受到偏见的影响。这样,我们就能做出更为客观的判断。

我们容易陷入认为"自己的意见是正确的"的固执思想中,并将自己的偏见正当化。虽然这是获得自信和接受自己做出的判断所不可缺少的思想,但是如果一遇到否定自己的意见就去反击,或是度量狭小,只会否定他人想法的话,这样做只会给你带来负面影响。

因此,在不伤害自己的前提下,我们要学会尊重别人的意见。如果有反对自己的意见,可以借此让自己的想法变得更完善。

由成功或失败的经历带来的偏见

"因为用这个方法成功过""因为用这个方法曾经失败了"的经历会对个人往后的判断产生很大的影响。当然,这些经历作为一种教训是做出判断的重要依据,但是如果因此变得固执而不接受他人的意见,就会弄巧成拙了。

过分夸大风险会导致踌躇不前,反过来,忽视风险又容易做出有勇无谋的行动。无论是成功还是失败,都不是自己一个人完成的,会受到社会环境和参与其中的人等带来的影响。

我们做出新的判断时,往往面对的是和过往经历完全不一样的情况,所以曾经的成功或失败经历并不一定能套用到新情况当中。因此,分析自己的成功或失败经历应当考虑到"这是在什么环境和条件下产生的结果",即当自己在做判断和行动的时候,要结合当时的情况进行分析。

逃避现实

谁都只愿意看自己想看的、听自己想听的。例如有人想要买房，就会注意到以前很少留意的房地产销售广告。反之，人们往往又会对一些于自己不利的消息选择视而不见，听而不闻，逃避现实，停止思考，即使风险将至都没有发现，这一点需要我们注意。这是对和自己拥有不同意见、不同主义、不同主张的人能否宽容以待，考验自己理性程度的行为。

如果遇到对自己不利的信息，我们不应选择无视或对此勃然大怒，而是要认识到，自己应该做到未雨绸缪，将意料之外化为意料之中，并强化自己判断的依据。

同调压力

破坏事物合理性的一个重要原因是来自周围的同调压力。像是因为大家都这样，所以我也这样；大家不做

第2章 独断力是兼具合理性和客观性的智慧

我也不做；因自己的想法和别人不一样而犹豫不决等。

这些行为和察言观色有点接近。为了不扰乱集体的步调，往往会选择压抑住自己不同于别人的想法，相信很多人都有过这样的经历。

笔者曾看过一则韩国的新闻。某天在一栋楼里，人们听到火灾警报器响了，起初众人都想着赶紧逃跑，但是看到周围的人都不慌不忙的样子，就以为没什么事，结果有许多人因此而错过逃生的机会，葬身于火海之中。这种行为也叫作"正常化偏见[①]"，也是同调压力的一种。

影响这些人判断的是"不好意思""别人会不会觉得我很奇怪""大家都那么做，我这样做真的好吗？"等过于在意别人眼光的想法，而要摆脱这种偏见，就要思考"对自己来说跟随大家这么做是好还是坏"。如

[①] 正常化偏见：当我们在主观上支持某种观点时，我们往往倾向寻找那些能够支持我们原来观点的信息，而忽视那些可能推翻我们原来观点的信息。——编者注

果这样做对自己来说是有利的,没有不利的地方,那么就没必要宁可和周围的人对抗也要贯彻自己的想法,跟着大家的步调走也未尝不可。但是,如果一些判断明显会伤害到自己,对自己不利或是带来负担,能预测做出这个判断会带来巨大伤害的话,那就要优先自己的判断了。

当然,这样做确实挺难的。

操控认知

有一些企业会通过操控认知的方式诱导消费者购买自家的产品。例如"限定""特价销售""畅销排行榜"等,相信大家常常能听到这些噱头。

就算在电视购物里,也会有许多"附赠商品""仅限第一次购买"等销售话术出现。而一群被这些营销信息"钓上钩"后自觉掏腰包的人们,实际上是被企业洗脑了,使得认知存在了偏见。要摆脱这种操控就要让自己站在企业的立场上,冷静地反复思考:"他们是怎么抓住消费者的心理进行营销的?"

了解自己容易有什么样的偏见

如前文所述,无论是谁都无法避免自己存在偏见的事实。但即便如此,只要我们能提前了解自己容易有什么样的偏见,就能避免做出错误的判断或是存在扭曲的认知。

例如"自己总是不自觉地迎合大家"或是购物的时候对"打折""限定"没有抵抗力,选择一些榜上有名的畅销品等。只要能认识到自己是这样的,就可以纠正自己的思想。这时需要我们反思自己过往的这些判断给自己带来了怎样的影响,然后试着对此进行分析。

例如看到同学找工作了,自己也跟着去应聘;看到别人有让自己很羡慕的东西,于是也跟着买了一样的东西;自己喜欢的商家推出了新产品,想也没想就一口气全部买下等，相信各位在生活中也会有类似的情况发生。

在笔者的朋友里有苹果公司的粉丝，只要苹果公司推出新品，就会购买。还有朋友的家附近有本田汽车销售店，只要一有新车推出就会前去以旧换新。反过来，也有"大家向右我就要向左"这种有逆反心理的人。

以上这些行为不能简单地用好坏来评判，提前了解自己容易受上述哪类偏见影响后再做判断，可以更好地接受自己的判断，因为"不知不觉受偏见影响做出的判断"和"尽管知道有这种偏见，但是笔者依然要做出这样的判断"两者相比，后者容易让人接受得多。

笔者知道自己看待事物时，除了有上文中提到的"正当化偏见"还有很强的"证实偏差"和"幸存者偏差"。

所谓证实偏差，就是有倾向于收集支持自己想法的信息。例如阴谋论者只会将视线聚焦在阴谋论背后的信息，甚至会强行向他人灌输自己的主义和主张。这样就容易无视反对阴谋论的意见，或是对其产生反抗的情绪，从而做出不合理的判断。

第2章 独断力是兼具合理性和客观性的智慧

当然，无论是谁，都会或多或少地有证实偏差，要想有效防止自己存在这种偏见，就要如前文所述般地分析正反两方的意见，并进行个人模拟辩论。

举个比较容易理解的例子，因为笔者对不动产和虚拟货币进行了投资，所以和人聊天时往往会正面评价这两个领域。这种积极谈话会倾向于传播有利于自己立场的信息。因此，笔者在研讨会等场合上发表言论时，都会注意补充有关投资风险的内容。

所谓幸存者偏差，是指"我都能做，其他人也可以""我觉得这个方法很好用，其他人用同样的方法应该也能奏效"等类似的偏见。这种偏见往往会导致以偏概全，所以在笔者写书和专栏文章时，都会有意识地加上一句"这只是自己的知识和经验，不代表全部""这是我的经验，并不一定适用于别人"等。同时也会避免类似"读者应该怎样做""读者不应该怎样做"的表达，而换成另一种表达方式，如："这是我的想法，不知道你是怎么想的？"虽然笔者用这些方法尽量让自己不要抱有偏见，但是也会担心自己做得不够好。

独断力

抽象思维是描绘幸福的力量

抽象是指在众多的事物和经验中,将具有相同特征的归为一类,并抽取相似部分的过程,也就是将事物或经验模式化、规范化,它能让我们通过一件事学习到许多知识,可以做到举一反三。

人可以运用抽象思维成功将零散的事物整理成知识体系,并成为可以继承的知识产权。我们也可以运用抽象思维,从个别、少数的经验中观察到规则,例如"原来要用这样的方式和这个人接触"或是"这个似乎可以用到我的工作上来"等,从而知道之后该怎么正确应对相似的情况。

抽象思维不仅能构筑知识体系,还能运用到我们的工作当中。例如将在工作中获得的知识、信息、经验组合起来,就能推导出成功的法则,这是具有高度缜密的抽象思维的人才能做到的。

另外,倘若想将成功的法则运用到实践中,就需要具有将其具象化的能力。例如虽然商业模式是抽象的,但是它的实行计划是具体的。

创业家和经营者制定发展战略，并落实到行动上，执行者则为普通员工。可以看出，成功者具有在具象和抽象之间不断转变的能力，而大多数普通人只生活在具象世界里，所以他们没有别人给的具体指示就不知道该如何行动。当别人说："这个交给你处理了，你想怎么办就怎么办。"如果是普通人，可能听后会不知所措；而如果是成功人士，则会感到很兴奋，并积极开展工作。

这就是为什么绝大多数人是普通员工，只有少数人是创业家或经营者。听了笔者的解释，相信大家应该能理解"在具象和抽象之间转变"的重要性了。

无法从具象世界看到抽象世界

笔者在很多书和专栏里写过有关有钱人的一些习惯，例如"有些有钱人不使用大型通信运营商的手机卡而是用收费较便宜的运营商的手机卡[①]"等，这时就会有"原来有钱人也不是一定要使用大公司的产品"或是"原来还有这样的人""不可能吧""拿出数据来说话"等议论。说出这些话的人就是抽象思维能力较弱，生活在具象世界里的人。

为什么这么说呢？因为"有钱人的一些习惯"这类话题是比较抽象的内容，如果听到了例外就予以否定，或是因为跟自己想象中的有钱人的印象不同等，就要求别人拿出数据，若是没有数据可以证明就不相信这些例外的人无法理解这种抽象概念。

而具象和抽象，正如著有《具象和抽象》一书的作者细谷功所说的那般，像可以看到魔镜的另一面一样（一般镜子只能看其中一面，不能看反面），抽象思维能力强的人能看到具象世界，但是抽象思维能力弱的人，也就是活在具象世界里的人，是看不到抽象世界的。

[①] 日本的通信运营商较多，价格有高有低，一般来说，大型通信运营商的价格较高。——编者注

说得通俗点就是"看得见幽灵和看不见幽灵的人的区别"。看得见幽灵的人既能看见现实世界又能看得见灵异世界；看不见幽灵的人则只能看见现实世界，所以看得见幽灵的人会说："你看，幽灵在那儿！"而看不见幽灵的人则会回："你说什么呢，净瞎说！"

活在具象世界的人说："你这么解释我听不懂。"就像看不见灵异世界的人要求"教我看幽灵的方法"一样强人所难。

所以即便跟具象世界里的"居民"解释："有钱人也会认真思考用什么最实惠，喜欢把复杂的事情简单化等，这些方面还是挺值得学习的。"对方也无法理解，并认为你在胡说。只活在具象世界里的人无法理解抽象话题，无论你怎么跟他们解释，他们都不能理解。所以这些议论达成不了共识，或者说根本无法讨论。

当然，这是一个相对问题，并不是非黑即白的绝对问题，但是通过这个差距，我们可以认识到两者住在不一样的世界。

活在具象世界的人会因为他人的意见不一而不知所

措,别人没有给出具体的指示就不能行动。但是,活在抽象世界的人会对这些不统一的意见进行综合性的判断并采取行动。

抽象思维和幸福的关系

笔者认为具有较强的抽象思维能力和能够在具象和抽象之间转变的能力跟能否获得幸福有着直接的关系。

人常常会想象自己要过什么样的生活,这是一种抽象思维,"为此要在某个领域上发挥自己的能力""为此要做某份工作""为此要干好某项业务",像这样为自己向往的生活设定目标。

有了目标后,就可以做自己能接受的工作,做出能让人信服的成果,向着自己向往的生活方式发展,就不会轻易被别人的评价影响。

但是如果没有这样的人生目标,就不知道该朝哪个方向发展,也不知道能把自己置于何处。当你感到茫然时，是定不了自己的人生目标的。这类人一旦得不到别人对自己的工作认可，便会心生不满，如"大家不认可我""我那么努力也得不到认可"。

事物的价值犹如万花筒

事物的价值会随着看待事物的角度和立场的变化而变化。例如要说成功和失败之间是什么，那可能就是"什么也不做"。因为什么也不做就不会有成功或失败。要做一些有挑战性的事情，就必然会有成功和失败，从这个角度来看，成功和失败互为表里。所以要想成功就避免不了失败，如果知道这个道理就不会那么害怕失败了。

另外，还有喜欢和讨厌这两个反义词，它们之间是"不讨厌也不喜欢"，简言之就是"不关心"。所以，有人喜欢你也有人讨厌你，既不喜欢也不讨厌你的人就是无视你的人。明白这个道理后，就不会害怕被人讨厌了。

而且，时代环境和立场的不同也会让价值发生改变。例如自己还是下属的时候，会不满地抱怨："上司都不听我们的想法。"但是当自己变成上司后，又会觉得："如果一一认真倾听下属的意见那会变得没完没了。"于是做出和自己曾经抱怨过的上司同样的行为，这是非常常见的。

又或是当自己是客户的时候，会对供应商各种挑刺和投诉，但是当自己转变为供应商时，又会想："别因为这点事就随随便便投诉。"这种心态变化也很好理解。

所以我们不要被主观情绪所控，应当尽可能地保持客观。如果自己做出了下策的判断，就要冷静地审视自己"是根据什么价值观做出的判断"。例如我们能经常听到年长者感叹："现在的年轻人啊……"这种感叹基本上是由于"自己那个年代的价值观是绝对正确的"这一偏见引起的。

因此，我们需要一边思考对方说的话，一边发散自己看待问题的角度，从过去到现在再到未来，让自己看待问题的视野能灵活、自在地不断变换，并养成习惯。

在"上游"拥有自己的人生构想

独断力是一种让你"活出自我"的力量，这只有生活在"上游"才能实现。

"上游"有两层意思。第一层意为"人生从上游往下游游"。这里的"上游"是理想之源，包含了自己的人生版图和人生构想，是一种抽象战略。"下游"是指"日常做什么"这类具体的计划和行动。"上游"里的抽象战略并不模糊，它具有确定的方向性和大局观。也就是说，"上游"是对自己人生的展望，而今年要做什么、今天要做什么等则为"下游"。所以，如果没有这样的人生构想，每天都是被迫行动的话，就只能生活在"下游"。

另外，所有人的人生都是迂回曲折的，但是只要发展的方向明确，不管道路多么崎岖和曲折回绕，都能回到正轨上来。只要有"无论何时都能走回正轨"的自信，就能坦然面对挑战，无论失败多少次也不会气馁。

在人生的道路上，会有许多困难和目标需要我们一个个地去面对、去实现，但是只要有大局观，这些困难和目标就能变得清晰明了，自己也能将其分清主次，明确判断标准，然后快速、准确地做出决断。

如果没有人生版图、人生构想等大的目标，那么人生道路中的小目标就会变得模糊不清，失去了参考的标准，使人变得迷茫，无法做出正确决定，最后只能看一步、走一步。

所以最重要的是，要拥有位于"上游"的人生构想。"人生自由度高的是'上游'，自由度低的是'下游'"。举一个容易理解的例子，把公司的工作分为"上游"（经营层的工作）和"下游"（一线工作）。公司的"上游"工作者可以自由变化环境和条件。但是在"下游"，环境是被人给予的，自己只能改变一些具体业务。

在公司"上游"，管理者可以不被规则和指标束

第2章 独断力是兼具合理性和客观性的智慧

缚，但是在公司"下游"，规则和指标是明确规定的，员工需要在给出的框架内做好工作。其他的事也一样，例如追求创造、创新的人就能向"上游"发展，而只会按已有的程序、跟着前例走、恪守规则办事的人则只能待在"下游"；发现问题，并设定课题的是"上游"，等着别人提出课题和解决方案的则是"下游"。

这么想来，很多人都活在"下游"。因为他们缺少抽象思维。例如在家里、学校或公司，这些都是他人给予我们的环境，我们只需在这些圈子里经营好就行。但实际上，自己的人生不仅能够由自己自由地设计，还充满了未知数。

举个例子，有人想要跳槽的时候，首先会想去离家近、交通也便利的公司应聘。但这时候更应该优先考虑自己想要积累什么样的工作经验、要选择什么样的工作、有哪些公司能做这样的工作，再将想法落实到具体行动。也就是说，"住哪里"这个问题应该是后面才要考虑的事，不具备较强的抽象思维能力，就无法发散自己的想法。所以有些人就会先考虑住哪里的问题，却没意识到这样会妨碍自己的人生发展。

又好比在处理人际关系时,有些人会纠结"不知道该怎么和自己合不来的人相处"。但只要将这个问题提高一个思想维度,变成"不和自己合不来的人相处不就可以了吗",这么想来就无须纠结这个问题了。

话是这么说,但其实很多人仍无法开阔自己的视野,看到的景色只能局限于"下游"部分。

像这样从小问题到大问题,如果不一一解决,就会持续对你的人生造成不利影响,最终使你远远落后于他人。

有个成语叫"一叶知秋",字面意思是从一片树叶的凋落就可以知道秋天的到来。但是,如果没看到整个森林的秋景,是很容易失去大局观的。而如果只看到森林的秋景,而忽略了叶子等细节,又容易被细节绊住。

没有自信、对将来感到不安的人,就有可能只看到叶子而忽略了森林的秋景。但是有很强的抽象思维能力的人,不仅可以想象出飞到1万米的高空俯瞰到的宏观景色,也能注意到地上仅5毫米长的蚂蚁,做到兼具宏观和微观。明白自己的位置和方向,就能让自己专注到应该

第2章 独断力是兼具合理性和客观性的智慧

要做的事情上来。

一叶知秋,实际指的是在拥有宏观视野的同时,又能注意到细节的能力。

正如笔者反复强调的那样,我们不仅需要获得抽象思维能力,还要有兼具具象和抽象的思考习惯。

第3章
制造判断之轴

谁都不会教你如何做出重要的决定

对笔者来说,重要的决断是指像"我想这么做"这类的自发性需求。那么有多少人能在一天内做出像"做自己想做的事""为了做自己想做的事而采取某种行动"这样的判断呢?令人意外的是,人们总是忙于"要做的事"而匆匆过完一天,并不会做出上述的判断。然而,如果没有想要做某件事的动力,生活中只有"必须做"的事情,那么你就会过着天天被任务牵绊的日子。

"必须做"同义于"不这样做之后自己会很麻烦",这类事情基本上都是别人施加给自己的,是带有压力的任务。例如,必须提交书面文件、必须回复邮件、必须交电话费等,如果不做这类事情,自己就会被责备或是有麻烦。

确实,这类事情很重要,但是即使"必须做"的事情做得再多，终究只是给他人作嫁衣，只是帮助别人达成他们的目标。所以生活中我们需要增加自己"想要做什么"的判断，不然自己的状态会一成不变。但是，"想要做什么"不是由谁来给你做出指示，而是需要你自己思考和决定的。

这些判断没有期限，也不会给别人带来麻烦，所以并没有强制性。因此，也可以说就算不做这些判断也不会有什么困扰，无论有没有实现自己的价值，随着时间的流逝，除了年岁的增长，其他方面都没什么变化。

例如，笔者曾经做过不动产投资和太阳能发电投资，做出这样的决定是因为笔者想要"不劳而获"地实现财富自由。但是，这不是谁给笔者下达了"你去做不动产投资"的命令，也不是笔者必须在什么时候要做的事。另外，不动产投资也不是生活必需品，即使笔者不做也不会有人感到困扰。笔者没投资的房子，其他人也会投资。但是，不做这些的话，笔者的生活是不会发生变化的，不能像现在这样自由自在地做自己喜欢的事情，过上比较富足的生活。

也就是说，如果想让自己的人生变得更充实，实现质的飞跃，就要做出谁都不会帮你做的决定，主动做一些不做也没有影响的事。

了解自己最真实的感受

那么，你该怎么做才能了解自己最真实的感受呢？

一种方法是，倾听自己内心最真实的感受，了解自己在什么情况和场合下、做什么可以让自己感到舒适、幸福。然后，深度挖掘自己"想要怎么样""想成为什么样"的愿望。例如人们常有的愿望是想要成功，笔者想这应该是很多人都会有的愿望。

但是我们不能仅停留于此，还要继续不断深挖。为此，你要了解自己想要什么样的成功，例如"想要财源滚滚"等具体的想法。接着，"多少钱才算财源滚滚呢？""是年收入1000万日元吗？""为什么需要这么多钱呢？""因为有这么多钱会过得比较轻松""然而要想年收入达1000万日元，必须长时间拼命劳动，我并不想这样"，等等。

我们需要像这样持续地深入思考。如果只是简单地想象"工作太累了，要是能轻松挣钱就好了"，这只会让你离实现愿望越来越远。笔者不是说这样做不好，只是如果我们能够深入思考"做什么既可以不用长时间工作，又能年收入达到1000万日元呢"，想清楚自己期待的成功是什么样后，进一步思考"用什么方法可以短时间工作就能挣到1000万日元"，了解要实现目标自己需要满足什么样的条件。如果不能做到的话，就从副业或投资下手等，让自己能明确下一步该怎么做。这样就能让自己更靠近自己想要做的判断。

确立印证自己价值观的依据

"我之所以会这么想，是因为有这样的原因。"如果我们能像这样有依据支撑自己的价值观,就不容易让自己的判断摇摆不定,不仅如此,不管最终结果如何,都能过上自己能接受的生活。

为此,就需要养成一个习惯,即除了与自己工作和生活相关的事情之外,生活方式和行动原理等也要有自己的意见。

像笔者的话,就有"结婚且有小孩会感到幸福"的价值观。因为笔者的性格慢热且内向,比起与他人交往,笔者更喜欢以家庭为中心的生活方式。

笔者的妻子需要在某种程度上理解笔者的性格,即使笔者不太会表达自己的感情和想法,孩子们也不会介意,而是会崇拜地叫笔者:"爸爸、爸爸。"

同样的原因,笔者觉得有朋友是好事,但就算没有朋友,笔者也没什么困扰的地方。比起与朋友一起交流、玩耍,笔者更喜欢单独行动,即使只是一个人待着,笔者也不会觉得孤独和寂寞。

笔者追求事业的成功。例如,刚开始一项新事业的时候,笔者会尽量控制支出,而且这项事业一定是笔者觉得可行才会去尝试的，笔者始终贯彻着"积跬步以至千里"的行事方针。在开始新事业后，一定会出现一些计划赶不上变化的问题，必须不断改进。另外，对于不想"过劳死"的笔者来说，如果刚开始就大规模地开展新事业的话，不仅风险会变大，还很有可能被迫陷入工作非常忙碌的状态，所以笔者是不会做出这种决定的。

学会自我认知

自我认知是指知道自己想要什么、想干什么，这有助于我们摆脱固有观念和先入为主的观念对我们思想的影响。

要拥有这种能力，就需要你与埋藏在心底深处的自己对话，这并不是像嘴上说说那样简单。例如承认"自己是个嫉妒心很强的人"等，这类普通人很难接受的事实。

第3章 制造判断之轴

我们一定要有承认"这也是自己的特性"的勇气，这是认识自我的第一步。

例如，如果自己想得到别人的认可，就要试着深入思考：

"为什么自己想要得到别人的认可？"
"被别人认可是怎么一回事？"
"认可自己的人具体是哪一类人？"
"自己觉得什么样的状态能得到别人的认可呢？"
"别人认可自己又会怎么样？"
"这样会给自己的幸福带来什么贡献？"

如此，就能知道自己需要做出什么决定、要采取什么行动。

对人生抱有怎样的期望？/为什么有这样的期望？
自己想要成为什么样的人？/为什么想成为这样的人？
目前什么东西正阻碍着自己？/为什么会阻碍自己？

在工作中比较看重什么？/为什么会看重？

在游玩和兴趣中看重什么？/为什么会看重？

在人际关系中看重什么？/为什么会看重？

其他（健康、结婚、家庭）方面看重什么？/为什么会看重？

只要能像这样明确自己的根本价值观，就能将自己的价值观变成判断轴，判断自己的生活方式是否恰当。另外，还能意识到自己具有的固有观念，如果是有利于自己的固有观念或是被别人认为是偏见但符合自己需求的观点，那么就可以接受它。

不再钻牛角尖

通过前文，我们可以知道一些固有观念、偏见或先入为主的观念并不一定都是不好的。

好的固有观念可以成为自己人生的主轴。但是不好的固有观念会让人迷失,使人缺乏灵活性,最终束缚自己又束缚他人。人们说的"要怎么做""不应该怎么做""应该怎样"等,这些硬性要求基本上没有特殊的依据,都是不好的固有观念的典型例子。

例如,在刚发生大地震等自然灾害之后,为了保障安全,大家在生活上都会减少不必要的外出,但不知道为何,后来有人以要关注受灾群体为理由呼吁减少聚会。这些人也许是觉得这种时候还有人自顾自地欢闹,是对受灾者的不尊重吧?还有"应该由儿女照顾父母""应该由母亲带孩子"等想法也是同样的道理,这些想法不过是说这些话的人的固有观念,并没有什么依据。而且照顾父母和带孩子的问题,不是从最开始就规定了的,也不是由某个人决定的。

然而我们却容易被这样的想法束缚,不仅勉强自己,有时也会勉强别人。

"运"也是这么一回事。人们常将好运气、坏运气挂在嘴边,但是这些说法多数都没有依据。例如"大安"和"佛灭"①这两个在六曜日②里的日子,其实并没有科学依据。

知道六曜日其实没什么科学依据的话,像是急着签合同的时候,就不必非得等到大安这种大吉日才签。像这样,如果被偏见、先入为主的观念、固有观念等束缚,我们就不能做出准确的判断。

因此,我们先要明白这个世界上有无限的可能,其次要反省自己的意见是否有合理的依据,在还没形成这个习惯之前,需要有意识地这么做。

例如,在思考为什么"父母一定要由儿女照顾"时,可以先自己进行分析,是因为父母让别人照顾看起来很可怜吗?父母自己也这么认为吗?还是说不照顾就

---

① "大安"和"佛灭":日本六曜日中的两个,大安是六曜日中最吉利的一天,诸事皆宜;佛灭又叫"空亡",是六曜日中最凶的日子。——译者注
② 六曜日:六曜是一种历注,主要用来判断某日的吉凶,在日本被广泛使用。六曜分别为先胜、友引、先负、大安、佛灭、赤口。——译者注

意味着儿女不孝顺？为什么会觉得不孝顺呢？儿女就应该照顾父母吗？

越是过分认真的人越可能看不惯别家儿女不照顾父母，认为这样"不像话""不妥当""不谨慎"，但其实这是因为他们不自觉地钻了牛角尖，既束缚了自己，也束缚了他人。自己减少了自己的选项，容易做出不恰当的判断。

过分认真的人还会认为"世界应该要平等、公正"，当自己没有得到应有的回报时，会觉得很不可思议，会有类似"为什么吃亏的总是自己！"这样的不满情绪。然后觉得这个世界不可理喻，并对此感到失望。

所以当遇到这种情况的时候，就需要反省自己的判断是否有局限性，理解"不存在绝对的正义和正确""每个人的情况都是不同的"。

虽然做到这样非常难，但是常常保持这样的思考模式就能逐渐养成习惯。

独断力

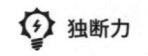

理解规则的本质

笔者认为了解世上的规则，并探求其本质，可以拥有能应对各种场面的智慧。如果能不被这些规则束缚，还能让自己变得更加自由。

要想理解规则的本质，就要常常思考"这些规则是为了什么，又是为了谁而被制定出来的"。

例如校规。在日本，有很多所学校禁止男生留两边剃光的韩式发型，会以"不像高中生"或"像是容易犯罪的人"等毫无依据的理由扼杀个人的喜好，类似的校规并不少见。

仔细想想，真的有人因为剪了这种发型而卷入犯罪事件吗？即使真的卷入了犯罪事件，是因为这个发型造成的吗？"不像高中生"是以谁或是以什么样的标准来判断的呢？

其实，这不过是成年人为了排除自己不熟悉的异类的手段罢了。这么看来，定下这个校规的目的很简单，就是要禁止成年人不喜欢的东西。这不过是我们成年人强行让孩子按照大人想象的"高中生模样"去做而做出来的事,其实只是为了让成年人自己感到心安而已。

笔者家附近的公办初中还有"女生不能扎高于耳朵的马尾"的校规,其理由是为了保护女生的安全,为什么扎个马尾就会不安全呢?没有合理的依据就确立这样的校规实在有点不可理喻。

这样看来,日本人缺乏"对规则抱有质疑的态度"。大多数规则都有着根本性目的,但是如果把守规则变成目的的话,就会失去设立规则的初衷。

他们不会回到原点去思考:"归根结底,为什么要制定规则",他们机械性地认为"守规则是理所当然的",守规则是一种目的。但是,规则不过是维持社会秩序的最大公约数,里面存在一些不切实际的情况。

随着技术的进步和时代的变化,从前的规则不再适应现代,那些旧规则很可能成为阻碍创新发展的绊脚石。为此,我们需要仔细思考"这个规则的本质是什么""这种情况下的规则是不是有不妥之处"等。

人们都会制定对自己有利的规则,这是一种合理正当的权力。企业也会创建利于本公司竞争的规则。

例如，20世纪七八十年代，在录像机行业里，企业为了获得更多的利益，曾发生过家用录像系统（VHS）和盒式录像磁带的录像机标准格式之争，相信一定有人对此略有耳闻。

无论是就业规则还是公司内部章程，基本上都有利于企业，公司的员工必须遵守这些规则。

在家庭里也是如此，相信每家每户都各有各的家规吧。这些家规基本上是以父母为中心确立下来的，例如门禁时间和帮做家务活等，当你还是小孩的时候，应该会觉得这些规则很"不讲道理"吧。

然而，基本上所有人都非常忠实、顺从地遵守这些规则。他们不会思考这些规则在不同的场合下是否正确，或是这些规则是否对自己有利；不会想这些规则的本质是什么，更不会试图改变或推翻规则，所以他们只能遵守别人建立的、对别人有利的规则。

他们认为老老实实地遵守规则是正义的事情，并且不能忍受不遵守规则的人，并会对不遵守规则的人进行批判。一些本可以一笑置之的小事都会被这类人小题大做。所以我们应该要改变想法，不能仅遵从别人建立的规则，应当思考规则、常识的本质是什么，这些规则是否真的有意义。这样，即使身处信息错综复杂的时代，我们也能轻松摆脱困难。

从通识开始学起

要做出正确、适宜的决定，就要有自己的价值判断标准。就好比什么是正义、什么是邪恶这类道德规范，对自己来说很酷（很帅）的审美标准等，这些都是我们活在这世上的重要行动方针，并且最终能给我们带来幸福，这就是判断标准。而这种判断标准中，通识是很重要的存在。

在看不见前方的未来、没有明确答案的社会，以及遇到没有前人作为道德模范的事情时，人们应该如何不再焦虑、不再闷闷不乐、不再烦恼？如何自信地做出自己的判断呢？

其中一个方法就是接受通识教育。所谓通识，即"通行于不同人群之间的价值观、技能和知识"，习得高水平的通识知识，就能让自己活得更加游刃有余。

因为通识教育可以让我们有多样性的视野、角度、立场、想法、生活方式、价值观、世界观，我们拥有这类思想观念越多，在遇到不同的情况时，我们就越能正确、灵活地应对。

丰富知识和文化

笔者认为通识是由知识和文化组成的。

通识知识可以帮助人们了解自己生活的世界是怎样诞生的，并对其结构和关系进行全面的认识，例如经济学、心理学、法律等这类贴近生活的知识等。知识越丰富、越了解世事，人的选择就会变多，并能预测这些选择会对自己的未来造成什么样的影响。

而知道和不知道之间会造成很大的差距,例如,"这件商品在哪家店的售价更便宜"或是"用什么工具能了解优惠力度最大的店铺"等。如果不知道这些信息,就不得不花大价钱购买同样的商品。又好比如果有了金融知识,就能存下更多的钱;有了法律知识,即使收到一些空头支票也能冷静处之。

另外,当我们提到"文化"的时候,可能有人会联想到历史、艺术、古籍等,但是文化并不是读几本书就能体现出来的。它是形成人们价值判断标准的材料,是帮助我们解释、思考事物时构建多样性的思想基础,是知识和经验带来的解决问题的能力。为了培养自己的价值判断能力还需要进行相应的训练。

通过训练可以知道什么东西有什么价值,什么是其本质,重要的是什么,什么是需要的、什么是不需要的,什么是美、什么是丑,这些都会在自己心中形成判断标准。于是,"这对我来说很重要,所以要认真去做,而这个不重要,所以可以忽略",像这样,我们就可以容易地做出判断。

虽然具体标准因人而异，但是这种价值判断标准的中心轴建立得越是牢靠，越能减少我们的迷茫和不安。

此外，除了要有自己的价值判断标准，我们也需要参考和学习别人的好的判断标准。看多了不同人的性格和行为模式，对别人的判断会越准确，在遇到不同的人时，也知道该如何应对。

家人的思考方式和行动原理是什么？上司的又是什么？董事长的呢？首相和总务大臣的呢？别的国家的人呢？等等。通过这样的思考，就能理解价值观、性格、思考方式、兴趣、需求等和自己完全不一样的人的行为模式，从而避免自己与他人产生无谓的纠纷，更能包容他人，缓解人际交往的压力。

有了知识和文化这两个组合，我们就不会为眼前发生的问题而感到迷茫，并能想出解决和克服这些困难的办法。

第3章 制造判断之轴

来场知识格斗吧

如前所述，提到文化人们往往会联想到文学、艺术、历史等，除了那些真正对这些感兴趣的人，实际上学习这些内容比较枯燥。

想要轻松学习这些知识的方法就是阅读自己感兴趣的领域的文章或自我启发书籍等，这些大多都含有作者的价值观和个人主义、个人主张，或是读和自己的想法完全不一样的书籍，与作者来场"知识格斗"。

但是阅读的时候，仅木讷地接受书中的内容和作者的思想是学不到东西的，对书中内容只有粗浅的了解也是不够的。

前文中说过，文化是指"对事物的看法和价值判断标准"，因此我们需要学会多角度看待事物。

这里说的"知识格斗"是指"这个作者为什么要这么说？""是以什么逻辑提出的主张？""作者虽然这么说，但是我有另外的想法"等，对作者的主张抱有质疑，并提出自己的主张。

独断力

当然，笔者并不是要否定作者的主张，只是在阅读散文或小说等时，我们总会在主人公登场的时候将自己的感情代入进去，会边读边思考"为什么这个人会说这样的话？""如果是我的话，我会说些什么？""自己遇到这样的情况会怎么行动？"等。阅读古典文学的时候，会边读边思考"书中的教导能运用到我的生活、工作、人生的某个场合里吗？""我能将这个教导很好地应用到实践中吗？"。阅读历史书籍的时候，会边读边思考"这时候的领导人和登场人物是怎么权衡、怎么优先做出决断的？""如果自己是那个登场人物，会做出怎样的判断？"。

这种"知识格斗"经过不断地积累，就能形成多样的价值判断标准，并对他人不同的标准予以理解，这是文化为自己带来自由的力量。

此外，我们还需要阅读一些不同的书籍，这些书籍的作者和我们的价值观、判断标准、行动模式、想法完全不一样。实际上，当我们遇到与自己的想法不一样的观点时，需要按捺住反对的心情，试着想象"这本书的作者这么主张的根据何在？是因为什么背景才会说出这样的话"。

但是，一些道德观、伦理观、审美等也会因人而异，"自己是这么想的""我不这么认为"等，每个人的想法会有很大的差距。因此，接下来笔者想介绍大多数人较为共通的想法，即效率和合理性，从这两点来说明笔者的价值判断标准。

经济合理性

在判断时，人们通常会优先考虑经济上的得失。大多数人都会根据经济利益而做出决定，但是像优惠、限定、可爱等带有个人感情色彩的因素会阻挠我们的判断。例如去百元店不知不觉间就买了很多非必需品，相信有不少人有过这样的经验。或是用信用卡结账可以获得积分，本来这跟减价差不多，但是有不少人又会以担心不安全、怕刷爆卡等理由而选择用现金支付。还有不

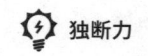

知道为什么一到月底钱就全部花光的人等,所以我们需要学会适当地控制自己,不让自己感情用事,并时刻对自己的行为进行反省。

成本和利益

金额(数字)是衡量经济合理性的重要判断材料,但是数字本身没有意义,因为我们判断的不是"贵或便宜"这种绝对值,我们需要的是"比较"。

比较的标准为"成本和利益""风险和回报"之间的平衡。衡量成本和利益之间的平衡,即计算性价比。例如,我们吃饭的时候,"按这个价格,味道算不错了""这个分量的价位太划算"等,我们有时会有这样的评价。价格贵当然会好吃,但要是和价格便宜的味道一样的话,就会感觉投入成本相对较低的商品性价比比较高。买低价的商品更能让人满足。

同样,我们衡量利益时,并不是单纯地论金额高低,而是从自己获得的效能来分析,付出的费用越少越好。换言之,就是与支出的费用相比,效能越高,性价比越高。

话是这么说,但是许多人常常是只看了一下标价就会感叹好贵或好便宜,往往以这种绝对值来进行判断。例如笔者创立了一家已经培养出许多成功创业家的培训学校,授课费用为4个月19.8万日元。有的人会认为"太贵了付不起",但是最近一名学生从培训学校毕业后仅2个月,开1小时的研讨会就实现了288万日元的营业额。从成本和利益来看,这绝对是性价比特别高的课程了,但是现实中,总会有很多人不能下定决心做出判断。

又或是买房的时候,许多人倾向于根据自己的收入购买相应价位的房产,更有人偏好选购新房,为此甚至会选择远离市中心的偏远郊区,或是交通不便的地方。这有可能导致未来因房产价值大幅下跌,当初用2500万日元买的房,在30年后只值500万日元。另外,虽然价格稍微贵了一点,但是若购买的房子位于市中心交通便利的地方,会怎么样呢?假设是以5000万日元购买的房子,虽然很贵,但是30年后还是一样的价值,这时再以同样的价位(当时的物价)出售的话,这30年相当于免费住房了，而且因为住在市中心，所以上班和上学都很方便。

也就是说，仅比较价位是没有意义的，我们还要考虑性价比才能做出更合适的判断。

风险和回报

"风险和回报"与前面的"成本和利益"概念有些类似，但意思有些不同，"风险和回报"的不确定性更高一些。

人们往往会选择规避风险，虽然这确实有些道理，但是实际上，人们常过分夸大失败的风险，很少谈论回报。例如"辞职创业的风险很高"这类说法就是在过分夸大风险，而忽略了创业获得的回报。

面对风险时我们较难对其未来做出预测，所以感到不安也是可以理解的，但是这样的规避风险对策和风险分析并不高明。

笔者主营的不动产投资当然也有风险，但是可期待的回报很大，所以笔者愿意投资数千万日元在这一产业上。说到不动产投资的风险，具体有空房风险、租金下跌风险、拖欠房租风险、投诉风险、房屋修缮风险等，但是只要挂出比人气区域的行情更优惠的租金，空房风险和租金下跌风险就会小很多。让租客买保险，那么拖欠房租的风险也会由保险公司来承担，所以拖欠房租的风险基本上是没有的。如果交给物业公司来负责管理的话，也能帮忙应对投诉。其他只要建立长期的房屋修缮规划和交付必要的资金就可以了。

像上述说的那样，只要详细分析风险，就能知道应对和预防风险的方法，所以我们并不用过度害怕风险。而且再过20年、30年，笔者的房子还能有巨额的租金收入，交付完租金后整栋楼都是自己的所有物。所以比起风险，笔者认为回报会大得多。

有效利用时间

和经济合理性一样重要的是，要有能判断自己是否有效利用时间的能力。

时间是人生的一部分，为了某些事花费时间，其实就是失去了用这些时间做别的事情的机会。也就是安排时间的时候，我们需要从"做什么"和"放弃什么"中进行选择。

这是一种选择与取舍的行为，我们需要用标准来衡量同样的时间里做什么才能最高效。但是大多数人往往看重金钱而忽略时间，这是因为我们容易看到钱财的减少，却看不到时间的流逝。

我们可以在掏腰包时看到金钱的减少，存款余额的减少也可以通过数字来表现。但是无论你做什么或没做什么，时间都会流逝，这很难让人意识到。人们也不知道自己的寿命有多长，看不到自己剩余的时间在一分一秒地减少，所以就会不自觉地忽略掉时间的重要性。因此，为了让自己重视时间，可以试着计算自己的时薪。

计算自己的时薪

大家应该给自己计算过时薪吧。有打小时工和当派遣员工经验的人感受可能会更深刻些。那么，在自己的工作时间里能挣多少钱呢？每天这样思考会让人有很大的改变。

例如一个年收入500万日元的公司员工，假设他一天工作8小时，一年上230天的班，那么时薪大概在2700日元。又假设他今天花费了1小时的时间在社交网络上，那么就是把这2700日元花到了投稿、浏览信息、点赞上。这种行为是否值得花费2700日元？像这样回顾过去，你有什么感想？你觉得值得吗？如果自己是雇主，你会给做这种事的人开2700日元的时薪吗？

其他的例子还有，购买新售楼盘、前往名店就餐、去主题公园游玩、过中元节、跨年、过黄金周、在高速公路耗费时间或是买无座车票在列车上找空位等，遇到这些事情时，你觉得有投入2700日元的价值吗？

了解自己的时薪后，可以以此为标准，对花时间省

独断力

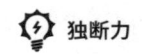

钱和花钱省时间两者进行比较。

例如一些外包工作,如果1小时要花2700日元以上(超过自己的时薪)的话,就自己干;如果在2700日元以下,则外包会比较划算。

在日本的家长教师协会[①]里有一个评价不好的"铃铛标志[②]收集、分拣"工作。因为铃铛标志1个1日元,所以如果分拣工作能做到人均1小时2700日元以上,就算停下工作去干分拣也未尝不可。但是如果达不到,自掏腰包也比特意提早下班去分拣铃铛标志要划算。不过,收集铃铛标志的份数可以用来购买学习用品,所以如果可以通过收集和分拣获得1350个点数的话也可以尝试一下。但是,这基本上不是一般人能做到的工作量,所以这样

---

① 家长教师协会:在日本,由各学校组织的,由监护人和教职员工组成的社会教育团体。——译者注

② 铃铛标志:日本的学生和家长收集和分拣商品上的铃铛标志后交给学校,学校将标志收集交给企业可换得学习用品,同时还有用部分资金援助贫困学校的公益活动。——译者注

的活动让双职工家庭感到不满。

用长远的目光看待问题

有效时间的判断标准，还要考虑长期还是短期，或是两者都考虑。

例如，有一些人因为觉得"厚生年金①靠不住"而选择自己创业。确实厚生年金算不上多，但是创业之后就会连厚生年金也没有了，而且也不能预测自己老了之后的健康和经济状况怎么样。

这么想来，先不说钱有多少，放弃可以保障老年生活的钱，从现在的支出中节省出养老钱，算不上上策吧。

又或是，有的人年轻的时候不想结婚，也不想要孩

---

① 厚生年金：在日本受雇于企业等的正式员工有义务参加厚生年金，保费缴纳期间为从参加工作开始到退休为止，目前从65岁开始平均每个月可领15.4万日元，只能保障正常生活。——编者注

子。等老了想法改变了，想要结婚、生孩子时又因为上了年纪、错失了好时机而后悔不已，这样的例子笔者也听过不少。

"活在当下就好"，我们不仅要以这种只看短期的思考方式来做出判断，还需要将思考的时间轴拉得更长，养成以长远的目光看待事物的习惯。

思考时间轴短的人，当看到电视购物频道在销售健身器具时，就容易冲动购买。实际上，像是家庭跑步机、引体向上健身器具、健身自行车、摇摆机、利用超声波练腹肌的健身器材、美式新兵训练营瘦身法、骑马健身运动器材等，这些东西买回来后大多要么落灰要么成为装饰品，可能最后还有人会把它们扔掉。

例如，有一款按下开关后座椅会随机摇摆，人坐在上面就像是在骑马一样，从而锻炼到腹肌，让腹部能瘦下来的骑马健身运动器材。当你想要买这款产品的时候，可以试着将目光放长远一点。

买回来的第一天，你会迫不及待地按下骑马健身运动器材的开关，然后兴奋地说道："哇！在晃，真的在

第3章　制造判断之轴 ☑

晃！这个可能有效果！"到了第二天，也是迫不及待地按下了开关使用器材的一天！第三天，今天也开机，却觉得有点无聊了。第四天，今天也运动吧，总觉得自己的运动姿势有点傻。第五天，太忙了，明天再练吧。第六天，外套先暂时挂在这上面吧。第七天，好麻烦，算了……

像这样，自己很快就放弃使用了，所以这样的东西还是别买了。只要会预想出自己不能坚持使用的画面，就能判断出东西不能买。而冲动购物的人却会忽略这个过程，只会认为"有了这个我就可以轻松瘦身了"，只看得到眼前的需求。

笔者认为，一些因受新冠肺炎疫情影响而退缩的人就是思考时间轴短的人。因为这类人不会想到现在的努力是在为未来的收获做准备，因为疫情影响，他们变得没有干劲，因此限制了自身的行动，导致无法察觉到失去了机会。

其实现在做的事情，会在1年后或是3年后、5年后、10年后结果，如果宅在家里什么都不干的话是无法有收

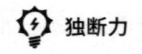

获的。

很多创业家和企业经营者，正专注于业务、销售方式的多样化变革。新事业和新业态开发也在推进当中。这是因为他们已经预见了后疫情、与疫情共存、新常态时代的模样。所以在政策允许的情况下，他们一边防疫又一边出差、应酬。这些为了能继续经营事业而做出的举措是必要且急需的。如果他们不改变的话，就无法生存下去。

企业家、经营者能做好风险管理的同时也在筹备着新事业，而没能做到这些的人只能在未来回首当下时感叹自己失去的2020年和2021年了。

前车之鉴

有一个有效的方法可以延长思考的时间轴，那就是好好利用"前车之鉴"。也就是要预先了解比自己年长的人在自己这个年龄的时候做了什么对的事，又做了什么让他们后悔的事，然后以自己的价值观为基础进行发散性想象。

虽然直接听父母或其他长辈的经验之谈很方便，但是笔者更推荐大家大量阅读文章和书籍。因为父母生长的时代背景和环境与我们不同，仅听父母的话是没办法开阔视野的，所以需要我们阅读各类文章，这些文章由与父母和自己有着不同的生活环境、背景和价值观的人所写，内容是关于一些令他们后悔的事情，阅读时我们还可以试着换位思考。

前面谈到的有关结婚、生孩子的事情，无论你结婚或生孩子后是后悔还是感到满足，都可以去阅读那些没有结婚、没有生孩子之后感到后悔的人，或是接受这种情况的人写的感想。

试着想象并反复思考，假如在自己和这个作者有着差不多的年龄和立场的情况下，会有怎样的感受。许多人都希望自己的判断没有错，所以往往会选择性地只听取他人肯定自己的意见，而忽略他人反对的意见。为此，就会从主观上让自己的判断正当化，深信自己的判断是对的。面对这种情况，我们应当多角度思考，明白自己的价值观也可能发生改变。

笔者是这么做的，例如前面笔者提到的在建自己的房子之前，笔者阅读了一些关于买房后后悔的内容。这些内容并不是刊载在书籍里的文章，而是个人博客、网站上的关于"购房的后悔和失败经验之谈"的评论，读了这些内容后，笔者了解了很多建房时需要注意的事项。例如插座的位置和数量，笔者刚开始就没有考虑到可能会有插座被家具挡住、插座数量不足等问题。还有洗衣机和晾衣服的地方的动线[1]，如果洗衣机在一楼，晾衣服的地方在二楼，就有"这样晾衣服的时候会很累""还得下一楼拿洗好的衣服很麻烦"等建议。又像是装修的时候，为了采光好，有人会装很多扇窗户，但是这样室外的人就能把室内的情况看得一清二楚，而不得不长时间拉上窗帘，反而导致采光不好、房屋阴暗等

---

[1] 动线：建筑和室内设计用语，指人在室内外活动的点连接起来形成的线。——译者注

问题。另外，还有因为木地板的原材料质量不好，让地板看起来破烂不堪等问题。

虽然俗话说得好："房子不建三遍是不会满意的。"但是如果我们能提前了解他人的经验教训，建房的时候就能少吃亏。

要钱还是要时间

笔者认为，思考并决定花时间省钱，还是花钱省时间会对我们的生活带来影响，对自己人生的发展方向起着决定性的作用。

例如有人会想："虽然堵车，但是自驾花费的费用比全家人乘坐高铁花费得少。"也有人会认为："就算旅游费用变高，但是坐高铁的话，可以在车上读书，让时间变得充实有意义。"又或是有人认为："坐高铁的话，孩子们容易吵闹，到处乱跑，大人会很辛苦，所以开车比较轻松。"还有人会觉得："高铁不用像开车那样到处奔波，也基本上不用担心会发生交通事故。"

面对上述这些情况时，就要在自己认为合理的基础上，也就是在符合自己的时间和金钱价值观的基础上做出判断，不断积累经验后，就能过上自己觉得幸福的生活。

但是仅因为"花钱浪费"就投入自己的时间，这样做有时候反而会更浪费，就像笔者前面提到的那样，花费这些时间做这件事就不能做别的事情了。反过来，仅因为嫌麻烦就花钱解决事情的话，也可能造成浪费。因为花了这笔钱，就不能用这笔钱干别的事情。

另外，花时间还是花钱的判断也会根据自己的时间价值、金钱价值而变化。例如，一场商谈可能可以带来数亿日元的交易，但是眼看着就要迟到的情况下，花钱搭乘出租车买时间的选择会比较好。如果下班没什么要紧事，选择坐地铁，然后在自己要下的站的前一站下车，走路回家也不错，这样还能锻炼身体。

当家里需要书架时，你是选择去家具店购买成品让工作人员帮忙安装，还是去建材市场购买材料回家自己制作？面对这个问题，可以这么思考，如果自己有更重要的事情要做，就选择前者，以省时间，不然则选择后者，自己制作更划算。

在出差时，为了能集中精神工作，可以选择多花点钱搭乘高铁的商务座。出差完回程的时候，因为过于疲惫而没有心情和力气工作，只想优哉地边喝啤酒边吃便当，这种情况下，选择价格较优惠的高铁的普通座就足够了。

如上述所说，在有些场合时间更重要，在有些场合则是金钱更重要。当下自己的时间价值和金钱价值在不断变化，需要我们随机应变。而"因为不舍得花钱，所以不坐出租车"或是"就要坐高铁的商务座"等固执的想法，有时候会让人失去重要的时间或金钱。因此，我们需要结合自己当下的情况，冷静地思考优先金钱还是时间。

独断力

生命与健康

年轻人可能没有什么真实的感受，但在笔者做的决断中，生命和健康是排在第一位的。

对于风险，笔者比任何人都要敏感，例如笔者会订阅河流的直播视频，以便能在附近河水泛滥的时候做好防灾工作。也会在台风和短时强降雨天气时，在行政避难警告发出之前有意识地进行避难。

笔者之所以有这么强的警戒心，是因为这几年短时强降雨和台风的规模越来越大，因避难警告和避难指示的播报不及时，导致有人被洪水卷走造成死亡的新闻屡见不鲜。所以，更需要自己负责地及时做出判断，守护自己和家人。当发生这类灾害时，笔者打算暂住在家附近的酒店内避难。就算房费一晚要花费1万到5万日元，如果能救回一命也算便宜。

此外，笔者平时还对新闻报道比较关注，总会习惯性地思考自己在那样的情况下会怎么办。像跳伞等极限运动，笔者不打算接触。笔者也不会去河边玩耍，因为每年都有溺亡事故发生。还有在雨天，就算很着急的情况下，笔者都会坚持走路而不跑步，因为看到过有人在雨天跑着下地铁楼梯的时候摔倒或是头撞地而无法动弹。在人行道上等绿灯的时候，笔者也会在路边退后两三步等待，因为笔者看过一些新闻报道说一些车会失控撞到人行道上的行人。

健康方面也是如此，一般情况下笔者不会减少睡眠时间。充足的睡眠能提高免疫力、让大脑集中注意力等，笔者认为睡眠对于健康特别重要。还有饮食方面，笔者会避免吃一些看起来明显不健康的东西，一般会选择一些自然有机的食品。

因为工作原因，笔者需要长期坐着看电脑，因此导致笔者运动量不足。在49岁体检时，笔者被医生指出有高血压、脂肪肝、高血脂等问题。高血压会引发心脏和脑部等相关疾病，脂肪肝可能会导致肝硬化，高血脂会引起动脉硬化。因此，如果放任不管会对身体健康构成威胁，于是笔者决定改变自己的生活习惯。

首先，笔者在健身房购买了会员卡，虽然以前一直认为去健身房健身很浪费时间所以从没去过，但是现在笔者开始做有氧运动，也开始锻炼身体。运动量增加后，毛细血管扩张，血管所受压力减小，可以降低血压。有氧运动可以让末梢血管的血流顺畅，也可以降低血压，锻炼帮助笔者控制自己的血压。有氧运动还可以将肝脏中囤积的脂肪作为能量进行消耗。通过血液体检（献血时的简易检查），笔者的肝脏相关数值也回到了正常范围。

医院里可以看到治病的医疗基础设施和药品，却看不到健康（预防疾病的）设施和保健品。所以，我们很多人都不知道该怎么做，也没有动力去保持健康。

但是很多时候，一些看不见的东西反而更重要。例如健康就是金钱和时间换不来的，所以笔者认为即使为此投入自己的资源也很合理。

必须买损害保险的理由

自己的行动可以由自己控制，但是别人的行动自己是无法控制的。例如自己在安全驾驶的时候,可能就有某辆车追尾你的车。为了预防这种不可控的风险,笔者认为必须要购买火灾保险和汽车保险等损害保险。

例如发生汽车追尾、碰撞等事故时,有时候明明是对方的过失,但是对方却不配合,还各种找碴儿;又或是一些人由于没有买保险,遇到麻烦时,要么独自把苦咽下去,要么不得不给别人让步,给自己的生活带来了很大困扰。

笔者以前也遇到过类似的事情,一位老年驾驶者将车从侧面开过来时碰到笔者的车,结果还被对方抱怨。对方的保险公司用各种手段争取少赔偿,认为过失比应该为1∶1。他们的态度让笔者特别生气,所以亲自到交通事故理赔中心跟相关负责人进行了争论,最终以过失比4∶1拿到了保险金。虽然最终解决了问题,但是耗费了笔者很大的精力。

此后,笔者在车的前后面都安装了行车记录仪,并在保险中加入了"特约律师"的条款内容。这样只要笔者安全驾驶,就能在某种程度上规避风险。

独断力

另外，在开车的时候，经常看到有行人横穿马路，这种人总是一副"我是行人，行人优先，车辆都给我让道"的样子，车来了也仿佛没看到一般堂而皇之地过马路。还有人会一边戴着耳机听音乐或打电话，一边过马路或开车，这种放弃察觉、规避风险时所需的重要视觉、听觉的行为，恐怕笔者不会去做。

为家里购买火灾保险的时候，笔者会同时加上个人赔偿责任保险。这是一种万一某天孩子骑自行车撞到行人，不小心让他人受伤等家中某人让他人受到伤害的情况下能进行赔偿的保险。虽然发生的概率很低，但是一旦遇到这类事情，可能自己会无法应对。因此，笔者会购买上述保险规避风险。

区分重要和不重要的事

就算是独断，做出的决断也有自己能接受和不能接受之分，为了做出自己能接受的决断，必须认真思考，而思考需要花费时间和精力。因此，事事都进行独断有时候反而会变得低效，我们要学会区分什么样的事情很重要，需要进行独断。为了能集中精力做出重要的决断，就需要减少不重要的决断。那么，什么是不重要的决断呢？就是在日常生活中对自己的人生发展没有贡献的事。

例如，笔者从事的工作无须抛头露面，花费时间和精力去烦恼"今天穿什么衣服"对笔者来说是件无用的事情。因此笔者每天都会穿一样的衣服，也就是说笔者将挑选衣服这种日常事务归类为无须决断的事情，放弃做这一判断。当然，因为夏天很热，容易出汗，笔者会备好几件衣服换着穿。

而艺人、模特等需要被人瞩目，所以对他们来说，"今天穿什么"的判断，对其本人的品牌影响力有着非常重要的影响，在这方面花心思、投入资源是正确的行为。同理，我们不需要完全跟随潮流，只需要升级对自己来说重要、必要的领域就可以了，除此之外的事情按照以往的方式来处理会更有效率。

独断力

专注于自己要更新升级的领域，能节省很多时间，这些时间可以花在陪伴家人、保持健康上，让时间有限的自己，可以将更多的精力分配到自己擅长的事情上。

这时，就需要我们去权衡什么样的事情可以先放一边，做好优先排序。这是一种选择，能让我们集中精力。例如对笔者来说重要的领域如下：

（1）有利于自己和家人的领域

与工作或写作相关、演讲、创业、农业、电子商务、先进的商业模式、先端技术；

投资或资产运用：不动产、股票、外汇、太阳能、虚拟货币；

经济：经济政策、财政政策、金融政策；

育儿：发展心理学、教育项目、成功的教育事例。

（2）守护自己和家人的领域

税收或节税政策、节税商品、税收制度修订；

法律：民法、刑法、儿童福利法；

事件、事故、灾害或杀人、伤害：交通事故、死亡事故、自然灾害、自动驾驶技术；

　　健康：食品、营养、运动。

　　笔者认为注重以上这些会给自己和家人带来幸福。

　　"有利于自己和家人的领域"基本上都和金钱有关，因此笔者认为很多事情都可以用钱来解决。教育主要用在孩子身上，好的教育可以拓宽孩子的人生选择，所以笔者认为这很重要。"守护自己和家人的领域"是为了不让自己和家人处于不利的状态，免于遭受波及，受到他人不好的影响。为了在有麻烦的时候最大限度地保护自己，笔者认为有必要在这一领域花费时间和精力。特别是生活在日本这个法治国家，法律知识有着绝对重要的地位。另外，生命与健康，正如笔者之前说的那样，是基础且最重要的领域。

　　当然，随着时代环境的变化，自己的兴趣、关注的领域也会有所变化，但是目前来看，大致是这些领域。其他领域，像是娱乐新闻、八卦等，笔者都不关心。

独断力

制定自己的生存战略

只做必要的判断,还有助于让我们养成另一个好习惯,即积极地创作出适用于自己的"教科书"。

以笔者为例,毫不夸张地说,笔者的大多数想法和价值观是通过读书形成的。笔者受到书本的影响很大,所以笔者深信读书能带来幸福。

在二三十岁的时候,笔者就是一条"书虫",一年能读上百本书。每次读书都能让笔者深切感受到自己思维的升级。因为有这样的经验,所以笔者到现在都会推荐大家多读书。

但是,现在笔者读书的时间越来越少了。虽然笔者会为了收集素材写作而读一些书,但此时的读书在某种意义上更像是在进行对竞争对手的信息调查和资料收集。因为现在的笔者已经过上了自己理想的生活,不再需要依靠书本里的知识寻找理想了。

时间充足、金钱富裕,也没有不安或烦恼的事情,即使有烦恼也有信心能解决它,所以需要从书中获得的

第3章 制造判断之轴

启示也就变少了。能让笔者深有感触的书，可能一年也就只能读到一两本。

试着想象一下吧。你买彩票中了100亿日元。有这100亿日元的话，靠银行定期存款的1%的利息就能每年获利1亿日元。虽然利息要交税，扣税后实际可以拿到8000万日元，每月也就是600多万日元（100亿日元的本金没有减少），这足以让你过得很滋润。在这种情况下，你还会读这本教人如何自己做决断的书吗？

尤其像本书这样的自我启发类书，一般都是在自己面临问题，并且找不到解决方法的时候才想要阅读的。但是，只要我们在日常生活中能够做到防患于未然，或是靠自己解决问题，专业性问题就花钱请专家帮忙解决的话，就不需要从别人身上获得启发。然后你就会发现，解决问题的根本方法不在于他人的做法，而在于自己，也就是思考能力和心态的问题。

这样你就可以理解需要创作自己的"教科书"的意义。

在创作的过程中，我们会接触到一些专业的书籍和论文，但是我们不能照搬这些内容，应当结合自己的性格等状况予以修正，将此升华为自己真正能使用的工具。如果研究方向是理工科领域，一些资金充足、设备先进且完善的大学和研究所还值得去升学深造，但是到笔者现在这种阶段还去追随别人已经创造出的理论，就没什么意义了。当然，如笔者之前所述，例如有法律、税务、健康等问题，还是需要听取专业人士的意见。因为法律体系、医学领域是经过长年的研究才确立起来的，这些专业领域和本书所述的需要判断的领域是完全不同的维度。例如，法律明明有相关规定，但是自己却有另外的想法，就可能会做出违法行为，成为法律的处罚对象。像癌症等疾病，明明有一套标准的治疗方案，但是如果无视这些治疗方案，固执地想"我不要用标准治疗方案，我要用其他医疗方式来替代"，反而会缩短自己的寿命。建筑需要结构计算、电器施工、编程等专业性知识，无视这些理论恐怕无法完成作业。

除此之外的大部分学问，都不能通过系统化地学习来获得个人的幸福。比起系统地学习对自己无用的知识，了解如何接触这些知识、如何组合这些知识更重要，或是磨炼运用知识的能力，才更有助于扩大知识的运用范围。

同理，现在的笔者不打算考取各类证书，因为笔者不需要记住一些实务知识，也不需要笔试合格。而且，听从上面规定的业务范围行事并不自由。如有必要，请有这类资格证的人帮忙就好。

对笔者来说"学习和学问"是指分析自己的经验，从中吸取教训，创作出属于自己的"教科书"的行为，也就是制定只有自己能用的生存战略。

做好最坏的打算

商务决策比较简单直接。如前所述，如果利益和回报超过成本和风险，就可以放手去做，不然则停止，这里面基本不会掺杂有感情。

独断力

当然,现实中我们可能会受到是否喜欢上司、是否习惯公司的氛围,或是对公司里的其他人有所顾虑等因素的影响,但是最终承担决策后果的人是上司,所以平时以自己的水平做出合理的判断并不是什么难事。不过这种个人判断往往会受到"失败了怎么办""被周围人嘲笑了怎么办"等心态的影响。

感情波动也是人之常情,我们需要学会控制感情。因为在很多情况下,感情会妨碍我们接受挑战。为了不因感情而踌躇不前,我们需要定义对自己来说的最坏情况。具体来说就是"绝对要避开这样的情况""这样下去的话就完了"等情况。

笔者认为的"最坏情况"定义有三。

(1)自己或是对自己来说重要的人死了。

(2)把别人逼到绝境。

(3)要坐五年以上的牢。

接下来笔者会以这三点为标准,判断要做什么、不做什么。

第一点,因为自己死了的话一切都完了,永远无法东山再起。但是如果还活着，就一定有办法能重来，能扭转局势。同理，家人也一样。所以笔者绝对不会做像在河里玩耍等可能让自己或家人遭遇生命危险的行为。

第二点，把别人逼到绝境，可以想象会让他人的心灵遭受到多大的创伤，他也许从此就一蹶不振。所以笔者会特别注意，在为人处世上，绝不得理不饶人，也会对人保持友善。

第三点，坐牢会失去很长的一段时间，也会因为给社会带来麻烦让自己的心灵受伤。所以笔者不会犯下说"对不起"解决不了的重大罪行。另外，笔者也在心里下了决定，除非为了保护家人，绝不对他人施加暴力。

除了以上三点，其他对笔者来说都不是最坏的情况。因为其他情况无论结果如何，都总有办法挽回。没了钱还能再挣，还不了钱就申请破产，最差还能申请低保。只要能东山再起，一切都有办法挽回。所以，这就是为什么笔者认为人可以挑战几乎一切的事情。

说了这么多，并不是要大家模仿笔者，每个人应该根据自己的情况，思考对自己来说什么事是需要避免

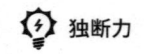

的，并以此来定义自己认为的最坏情况，这样就能拓宽自己的挑战范围。

但是，在日常生活中，我们很少能遇到情况坏到要被迫做出决断的时刻，所以在此笔者姑且列出一些其次坏的情况。

（1）自己或自己的家人受重伤或生了大病。

（2）与家人离别。

（3）让别人受重伤。

（4）犯下了明显会惹诉讼的罪。

（5）失去了从前积累到现在的所有财产。

当自己不得不做决断的时候，可以试着思考做出的决断是否会导致上述这些情况发生，思考之后，就会发现基本上很多决定都不会到这种程度，所以担心也没用，我们只需大胆地做出自己的判断就好。

就算是明天的演讲失败、考试不合格、成为讨厌的上司被人厌恶、被公司解雇、被公司的人无视、和多年的老友因吵架而分道扬镳等，这些事情都没有像笔者前面列出的情况那样糟糕。所以，即便遇到这些事情我们也无须迷茫而不知所措。

减少小决断，专注大决断

笔者之前说过："要集中精力在重要的决定上，减少做不重要的决定。"下面笔者想就这一话题进行更深入的探讨。

例如"要买哪台新冰箱"等这类决定，并不非得亲自做。所有的事都要自己来决定的话会降低效率，所以我们要区分什么事情需要自己做决定，什么事情不需要自己做决定。

为了能让自己的精力更多地集中到做重要的决定上来，就要舍弃一些对人生不会产生质的变化的小决定。例如乔布斯就常常穿着高领衫和牛仔裤配运动鞋；美国脸书（Facebook，现改名为"元宇宙"）的首席执行官马克·扎克伯格（Mark Zuckerberg）在脸书公开的问答栏里曾被人问道："为什么你每天都穿同样的衣服？"他是这么回答的："凡是跟为公司做出贡献无关的事情，我都想尽可能地减少做出决定。我是基于许多心理学理论才这么做的，像是吃什么、穿什么等无论是多么小的决定，反复地做出判断会消耗我们的能量。如果将精力花费到平常生活中的一些小事情上，就感觉自己像是没干正事。提供最好的服务，让超过10亿人能联系在一起，这才是我该做的事情。虽然听起来有些奇怪，但这就是我穿着一成不变的原因。"奥巴马曾表示："我经常穿灰色或蓝色的西装，这样就能让我减少做出抉择的次数。因为我没有时间去思考吃什么、穿什么，其他等着我做决定的事情多得堆积如山。"他在后来的发言中也提到了"要减少做决定的数量"。

就算再小的决断，数量一旦积累起来就会消耗人的精力，导致我们做重大决断时降低准确性。也就是说，只要我们能在生活中减少做简单决定的数量，就能在需要做出重要判断的时候集中注意力，由此完成自己的目标，为获得幸福做贡献。

为了能专注地做出重要决断，除了金钱外，我们还需要给自己留有时间和思考空间。其中一些对幸福贡献度低的小判断、小抉择、小决策，采取不思考、不决定的态度会更有效率。另外，我们还要减少必做事项的数量。因为这类事情数量太多会占据大脑的思考空间，导致我们无法集中注意力。

所以，我们需要在日常生活中增加"不用思考也能做的事情"，为此就要将一些必做的事项自动化、模式化、常规化。

自动化

例如电费、电话费等，这类需要定期支付的生活费用可以通过账户自动扣钱、信用卡支付的方式来解决。收到催款单后，总是去便利店的自主付款机或是银行付款的话，就算金额再小也会给自己造成负担。如果某天迟交或忘了交费还会有更多的麻烦。所以笔者基本上都用银行转账或是信用卡付款的方式来支付，这样就能省去去便利店或是去银行的时间和精力了。

笔者也是直接通过银行账户扣款缴纳税款的。但是

独断力

在日本，个别地方政府不能处理固定资产税，所以这个税笔者每年都会去便利店的自助机上缴纳，这点比较麻烦。

另外，笔者还会设置资产的定期投资，不仅是存款和退休金，连笔者的黄金和虚拟货币都实现了储蓄投资的自动化，可以说这是笔者的重要法宝。

模式化

订购正逐渐成为主流的购物形式。卖方以每月、每年为时间间隔，定期获得收入源，可以保持收益的稳定。

订购价格一般比较固定，所以买方可以安心消费。这类服务形式多样，有每月只需缴纳一定的金额就能换着住许多房屋的租房服务等。还有一些自助餐厅，一起去吃的人越多越便宜。而笔者也为了孩子注册了亚马逊会员，这样就可以享受尿不湿的定期配送服务，还能在会员影视专栏看动画片。

为了尽量减少购物的频率，笔者会批量购买一些需要定期补货的家庭消耗品，或是和笔者前面说的那样订购定期配送的服务。笔者一般会批量购买必须消费的且没有消费期限的用品，例如纸巾、洗衣液、衣物柔顺剂等。一些必须消费的、体积大、重量大的物品则适合通过网购来批量购买。大多数情况下还能包邮，不仅划算，也不用经常担心家里的必用品是否充足。而且自然灾害发生时，大家哄抢购买的物品也大多是这些，所以充足的储备也可以免去人挤人抢购的麻烦。

而定期配送的物品一般都是笔者认为"用剩了会比较麻烦"和保质期短的商品，例如矿泉水、备灾用的方便面等。其他还有尿不湿（因为随着孩子的长大，尺码也会发生变化）和奶粉等。这样就不用常常担心没库存要补货的问题。虽然只是一些生活必需品，但是通过这样的购物方式，在需要思考左右人生的判断时，可以不用再因为这些琐事分心。

常规化

所谓常规化，就是指养成习惯，一些事情虽然必要且重要，但是我们不需要记住每一件事，也不需要将所有的事情都写在记事本上，而是要减少这些不必要的麻烦。

例如写作，笔者会规定自己每天上午花两三个小时去做这件事。无论是周末还是法定假日，就算是去旅行的时候，笔者也会在早上坚持写几个小时。这已经成为笔者每天的必修课了。

每一次的劳动还要懂得"加杠杆套利"，并让自己的销售方式变得常规化。以运动为例，如前文所述，根据笔者的体检结果，医生建议笔者要多加锻炼，所以笔者每周有四五天都会去健身房锻炼。投资健康也是工作的一部分，除了节假日以及和孩子玩耍的星期天以外，笔者都会坚持每天运动。笔者去的是可以自己自由运动的健身房，每天去健身房不用提前预约，也不需要约健身教练。刚开始健身的时候，笔者不断地试错，不过因为笔者不参加健美大赛，知道自己比起"努力健身"更需要的是"坚持健身"，所以笔者每天都会坚持按照计划好的健身内容和次数进行适当强度的锻炼。

坚持健康管理十分重要，笔者每年都会进行三次口腔检查，每次收到口腔医院的检查通知时，笔者都会尽快预约。另外，笔者每年还会献血三次，到了可以献血的日子就会有通知发到笔者的邮箱里，笔者便抽空前去献血。

什么事情该花时间，什么事情不该花时间

公司员工经常会产生一些错觉，例如"开会次数这么多，感觉自己做了很多工作""给很多客户回复了邮件，感觉自己工作得非常充实"。一些个体经营者或许也会产生错觉，例如"在社交媒体给很多账号评论，还给很多好友点了赞，自己真的做了很多，非常努力"。实际上，这些事不仅带来不了什么成果，还常常会让自己有种努力了的错觉，并为此感到满足。

为了防止这样的情况发生，我们必须弄清楚什么事情需要花时间，什么事情不需要花时间，有意识地将精力投入到能产出成果的事情上。如果不注意，就容易被每日的无效忙碌所埋没，总是重复着同样的日常。

独断力

在做决定的时候也一样,我们要学会区分什么决定要花时间思考,什么决定可以快速做出判断,否则精力就容易耗费在对人生来说无所谓的事情上。

笔者在买新的笔记本电脑和打印机时,会做很多调查然后慎重购买,但是又会在超市一次性购买很多洗衣液和衣物柔顺剂。因为电脑和打印机关乎工作的生产性和便利性,笔者希望能尽量买到好的产品,所以,在选择上笔者会花时间慎重考虑,这其实可以算是一种先行投资。但是洗衣液和柔顺剂,无论选哪个都不会有太大区别,平价的产品就足以满足家庭的使用需求。如果在这些地方犹豫不决,只会浪费自己的时间和精力。

孩子上幼儿园之前,笔者都会请保姆照顾孩子,就算是现在,也会请家政人员到家里做家务。笔者和妻子都是个体户,我们认为与其把时间花到家务事上,不如把时间花到工作上。

妻子负责买菜、做饭,笔者负责洗衣服和收衣服。这是因为妻子喜欢做饭,而且她想要亲自挑选一家人吃进嘴里的食物,这样会比较放心。笔者喜欢洗衣服,是因为想要在工作累了的时候转换一下心情,收衣服也是因为想知道自己和孩子的衣服放到哪里,这样也能在下次找衣服的时候快速找出,节省时间。

当然,不同的人有不同的想法,把时间花到自己觉得有意义的地方,避免在无意义的地方做出判断,不失为将精力专注到重要事情上来的好方法。

第4章

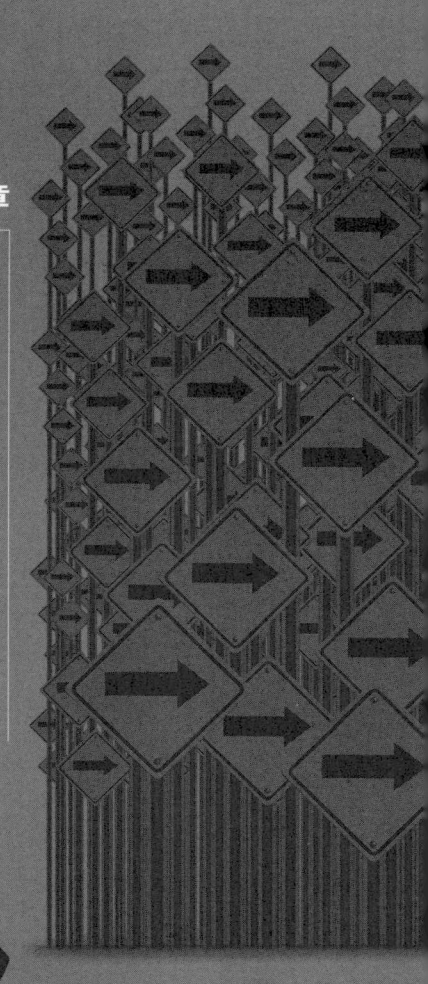

用独断力开拓人生的新篇章

反思自己过去做出的判断

我们对浮现在眼前的无数个选项做出一个又一个的判断，最终形成了现在的我们，也就是说，现在自己的状态是由过往的判断累积而成的。

如果我们接受自己现在的状态，那么自己过往做出的大多数判断都是恰当的。反过来，如果对现在的自己不怎么满意，感到不安或者有烦恼的话，就会怀疑自己过去做出的判断可能并不正确。

当然，不同的人对状态的接受度有所不同，这种主观性也会对自身状态的评价产生重要的影响，不过个人的接受度也是由至今为止的经历造就的，如果能改变自己往后的判断，对自身状态的接受度也可能会随之改变。

回顾过往的过程中，最容易让我们想起来的就是后悔的经历。"为什么那时候那样做""为什么那时候没那样做",回顾过往的经历有助于我们理解自己的行动原理,在下次面对同样的情况时可以吸取教训。

例如购买房产的时候、更换新车的时候、决定结婚或离婚的时候,回想过去的判断,如果让现在的自己感到有些后悔或自责,就要试着去思考那时自己以什么为依据做出那样的判断,然后思考要怎么做才能有更好的结果。

这种反思能让你在下次做出更正确的判断,并且能让自己了解自己的内心偏向,往后可以避免遇到不利于自己的情况。

例如笔者,说来有点不好意思,在大学的时候,当时的女朋友提出了分手,笔者还为此相当消沉。之所以失恋,是因为那时笔者总是追问她"你在做什么吗?""为什么晚上不在呀?""你去哪里了?""为什么不见我?"等,整天像个跟踪狂一样缠着女朋友,让她感到有负担(笔者后来才明白这样是不对的)。

在之后的恋爱中,笔者学会了尊重对方,让自己的热情程度跟对方保持得差不多,不再整天唠叨对方,基本上当倾听的一方，时常肯定对方，对方一发信息就立刻回复，如果对方没有立即回复也不会催促对方，会努力控制自己的感情。

笔者经常被别人说长得像日本搞笑艺人组合"爆笑问题"里的太田光，虽然长相平平无奇，却能顺利恋爱、结婚，得益于我从那次失恋中吸取了教训。

还有笔者曾经很努力地备考，但是依然没考过日本注册会计师资格考试。笔者曾经隐约能感觉到自己的一些性格特征，通过反思这次经历，让笔者现在对自己有了正确的认识，那就是"临时抱佛脚会让我感到心累"。这个会计师考试在每年5月份举行。当时离考试仅剩2个月了，但是笔者还完全没能理解考试的内容，在这样的状态下，笔者的心态直接崩溃，认为自己肯定考不过。不再参加白天的答题练习，甚至在考试当天也完全不在状态。

笔者想也有不少人也这样，越是到了截止日期，脑海里就越会有"赶不及了"的焦虑，行动上不由得变得自暴自弃。

所以自那以后，笔者都会尽量避免把大量的任务拖到临近期限。例如笔者的写作工作，笔者会做好计划，让自己有比较富余的时间可以将稿子在期限之前交给编辑。不过，像是网络的专栏内容，一般要写几千字，笔者也曾试过冲刺式地赶稿，但是那都是在自我感觉"应该赶得上"、有适度紧张感的情况下做的。而像书籍那样，十几万字的庞大文字量的写作是不可能在几天内完成的，所以写书的时候，笔者会尽量避免快到交稿期限还没有动笔的情况发生。为此，笔者会做好计划，让自己能有足够的时间完成。每天花一定的时间写作，就算有可能要推迟交稿了，笔者也会提前和编辑协商。

在哪里决出胜负

像这样不断反思自己过往的一些问题，就能明确自己得胜的关键点，然后思考如何发挥自己的特质、特性以及才能，再判断哪个地方或环境适合发挥这些特质。

例如孩子不能自己决定自己的优势，在学校里多是以学习成绩或运动能力来决胜负的，学习好的孩子会被人夸"厉害"，跑得快的孩子会被人夸"好棒"等。当然，班里一些负责带动气氛的中心人物也十分受欢迎，但是基本上只能在下课或放学后等休息时间才能体现他们的受欢迎程度。还有，孩子也不能自主选择适合自己特性的环境和地方，例如某个孩子不能喝牛奶，但是如果在学校里，不喝完就只能一直低着头坐在座位上担心会受罚。上课如果遇到听不懂的内容，老师点名回答时，会感到心脏怦怦地跳得特别快，紧张得不得了。明明跑马拉松挣不了钱，但是学生们在学校仍然会努力地奔跑，很多人在学生时期不得不勉强自己做这些自己并不想做的事情（虽然以成人的角度来看，这种教育是有用的）。

但是，成年人就可以选择自己要决胜负的领域。除了学习和运动之外，还有作词、作曲等音乐领域，或是将棋等游戏领域，又或是画家、作家等艺术、文学领域，成年人可以有无数的选择。上班族也是如此，一些

独断力

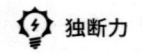

意志坚定、踏实探求的人适合做研发，手巧的人适合做工艺等，上班族可以选择能发挥自己特质、特性的地方工作。

然而，明明能自由选择，但是积极选择的人却很少。笔者认为这是因为很多人都并不了解自己的天赋、特性、特长和才能，所以他们做不出选择。

实际上，笔者周围被称为成功人士的人，先不论他们是否注意到自己的特性，这些人都选择了在适合自己特性的环境下工作。例如笔者认识的餐饮店经营者，基本上都是为人亲切、精力旺盛、体贴入微的人，所以能吸引很多食客来店里打卡，店里的生意很火爆。从事不动产相关调查研究的熟人，性格都比较内向、安静，因为研究人员只要默默工作就好，不擅长沟通也没有关系。

笔者也是一位慢热、不太会说话的人，所以工作主要以写作为主，这对笔者来说比较轻松。而像顾问这类需要接触他人，一切为他人着想的工作笔者都会敬而远之，因为笔者知道这不仅不能发挥自己的特性，还会勉强自己。

虽然笔者有一家成功创业者辈出的培训学校，但是和学生的交流都是由其他员工负责，笔者只要负责出谋划策和给学生提出的商业模式提建议就可以了。

不过这里笔者需要提一点，可能跟笔者前面说的意思有点矛盾，但是笔者建议各位，就算不擅长待人接物，在年轻的时候，也最好体验一次这种经历。因为这样可以让你知道该如何小心说话以及学到一些基础的举止礼仪。对顾客的态度很粗鲁，会给人没教养的印象，很难获得别人的信赖。措辞、态度、品行的好坏，会在一定程度上限制我们的人际关系，所以没有学会一些礼仪是一种损失。

这么说来，笔者想起以前顺路去郊外商场的一个美食广场时，后面的餐桌上有一家人互相开玩笑地叫嚷着："开什么玩笑！""你好笨啊！"笔者想应该有很多人不想跟这种人做朋友吧。

独断力

独断力能提高预测能力

独断力能合理、客观地把握并判断事物（由自己独立完成），这些判断能让大多数人认可，这种判断具有逻辑性。

有逻辑性的判断有根据、有过程，且条理清晰。逻辑性能让我们准确地把握事物之间的关系。把握事物间的关系需要考虑因果关系和相关关系这两个因素。

因果关系是指，一方为原因，另一方因受此影响造成某种结果，这种关系基本上是单向的。相关关系是指，哪一方都不是原因或结果，两方相互间有着某种比例关系。例如，情人节收到巧克力的数量和长相的帅气值是一种比例关系，这就是相关关系；不是所有帅哥都能拿到很多巧克力的论断为因果关系。

而重要的则是笔者接下来要介绍的内容。越是了解事物之间的关系，就越能理解两者之间的联动性，可以知道怎样做会带来怎样的结果，提高我们的预测能力。

例如台风袭击城市时，电车等公共交通工具往往会停止运行，这样人们就很可能回不了家。所以一有台风登陆的预报，笔者都会做出判断，觉得待在家里或是趁早回家会比较好。

通过对这些因果关系、相关关系的不断认识及对其模式的理解，当我们遇到同样的情况时，就能做出"肯定会发生这样的事"的预测并做好事前准备。

或者当我们面对完全未知的情况时，会在脑海里浮现出解决方案，也就是很多假设会丰富并且即时出现在脑海里。反复实践这些想法，就能让这些假定的解决方案在解决问题时变得更为明确、精准。

但是如果我们缺乏对事物间关系的理解，就无法具备预测的能力，人生就会走一步算一步，容易疲于面对各种状况。

自己的行动会带来怎样的结果？周围的情况变化会给自己的生活带来怎样的影响？只要理解这些关系，自己也能在某种程度上预测自己的人生，然后让自己对自己的未来感到安心和充满希望。

独断力

用一台电脑办公

日本"3·11"地震发生后的福岛核泄漏事故让辐射扩散,许多人因为工作和家庭的束缚不能抽身,不得不遭受辐射的危害,同时还得让孩子上学,这些都是笔者当时看到的情况。

就算海啸冲走了自己的家,但因条件束缚,很多人都不得不回到原来的地方,重新在同样的地方建起新家。但是在现代,异常气象和伴随而来的自然灾害正不断增加,如果无法做到随时移动脱身,就会给自己的生命安全增加风险。

不仅是为了回避风险,如果了解到日本以外的国家有一些工作、创业、投资等机会,自己要是不能随时行动就很难把握机会,所以为了能实现行动自由,就要自己创造出可以自由行动的条件。

为此,笔者在日本"3·11"地震之后缩小了原有公司的经营范围。停止招人,也解除了在东京市中心的办公室租赁合约,成立了兼具居住和办公的个人公司。

工作内容也同样如此，为了形成只需一台电脑就能办公的工作模式，笔者将全部业务转变成能通过线上实现签订订单和收发货的业务形态，减少了必须见人，必须到现场，或是需要让物品流通的工作。同时将更多的精力放到不动产和太阳能发电投资上，增加非劳动所得。

新冠肺炎疫情蔓延后，多亏之前的努力，笔者基本上没有受到新冠肺炎疫情的影响，继续照常工作，收入跟以前一样，不会突然变得穷困潦倒，过着和平常一样的生活。地震、核泄漏事故时努力做出的改变，让笔者能很好地应对疫情。

储备家庭消耗品

福岛核泄漏事故之后，东京首都圈一片混乱，大家都在抢购生活消耗品和储备粮，还在汽车站排起长队，引起一阵骚乱。甚至有新闻报道称，有人从老家寄厕纸给住在东京的家人。

笔者也目睹了这样的情况，所以在那次地震灾害后，开始有意识地增加防灾物品的储备。笔者也会在汽车的汽油油量剩余一半的时候，习惯性地给加满。笔者还在2016年新建的兼具自住和出租功能的公寓里设了间仓库，用来储存一些防灾物品。像水、方便面、厕纸、餐巾纸等生活消耗品，都会储备足够用上三个月的量。如前文所述，当新冠肺炎疫情暴发，人人需要自我隔离时，笔者购买了大量的口罩作为储备。在疫情期间，和那次地震灾害之后一样，同样出现了抢购的骚乱，网上还有"买不到东西""库存量不够"的各种抱怨，但是笔者家就没有任何这方面的困扰。

市场暴跌

但凡发生一些震撼世界的大事，股市和外汇就会暴跌，过去已经发生过好几次这样的事情了。

日本"3·11"大地震之后虽然股市暴跌，但是多亏笔者在低价时买入股票，之后获利颇丰。同样在新冠肺炎疫情蔓延的2020年3月中旬，世界股市大暴跌。笔者认为这是个好时机，所以全力投资，即使用上人寿保险的投保人贷款制度来筹措资金也果断买入股票。后来，买入的股票也基本上都赢利了。

经验能拓宽选项

有过贷款投资不动产的经历，你就不会害怕贷款了，之后遇到大问题还能多出贷款这个解决方案。经历过创业，就不会再害怕开创新事业。经历过创业的失败，之后创业就会更加坚定，不会中途轻言放弃。经历过诉讼，因为知道什么是取胜的必要条件，知道诉讼的过程中会发生什么，所以就不会害怕与别人有纷争。就像学会骑自行车后，一生都会骑自行车一样，自身的经历会成为你一生的财富，可以帮助你开拓人生。

没有经历过就会因害怕而无法做出选择，经历过就

独断力

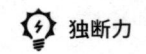

能感悟到"原来是这样的一条路"并成为往后遇到问题时的解决办法之一。所以笔者认为多经历一些,有助于增加我们自己"抽屉里的存货",也是提高独断力的重要方法。

笔者一贯的主张之一是"趁着年轻去体验贫穷"和"见识社会的底层",因为这样可以帮助我们在因绝望而停止思考的时候拯救自己,有活下去的希望。

这也来源于笔者的经历。父亲反对笔者上大学,但笔者仍然执意去了东京。他没有寄学费给笔者,因为付不起入学费用和第一学期的学费,所以笔者以新闻奖学生[①]的身份来到东京,之后靠奖学金交学费,生活的一切费用则通过兼职来填补。

当初新闻奖学生的宿舍(有公厕、无浴室)的费用为每月3000日元。虽然上大学第二年笔者租了间公寓,

---

① 新闻奖学生:指利用日本报社奖学金制度的学生。由报社承担部分或全部学费,同时受资助学生须在学校期间做送报纸的兼职。——译者注

第4章 用独断力开拓人生的新篇章

但是当时正处于日本泡沫经济时期,房租费用很高。所以笔者能省则省,到大学体育馆的浴室洗澡;午餐经常蹭学长的;为了省水费会去学校的厕所解决后再回家;不用公寓内的冰箱,只在家里煮饭,每天用从学校食堂打包的鱼松紫菜碎配饭吃。

虽然那时候真的很穷,但是笔者也没有抱怨,没有就此一蹶不振,当然也不会恨父母。只想通过自己的努力过上普通的生活。所以,没有钱也不必沮丧,一定要相信"车到山前必有路"。

在笔者大学毕业15年后,那时日本受到全球金融危机影响,笔者经营的公司业绩差到连自己的工资也付不起。虽然那时候没有钱,但是多亏学生时代的经历,让笔者面对困难时能坚定地认为总有解决的办法。

当然,每个人的接受度不一样,没有体验过贫穷的人也许放不下自尊心,有的人无法忍受自己生活质量的降低。而有过贫穷的经历,就可以让自己无论处在何种生活水平中都能很好地控制心态,不会让自己感到绝望,能够很好地应对困难。

独断力

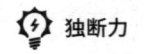

了解底层

这个话题笔者在之前的一些著作、专栏中也介绍过，这里举一个可以"了解底层"的例子，这是在2006年前后笔者去柬埔寨时发生的事情。

在平均月收入只有1万日元的柬埔寨首都金边，可以看到价值1500万日元的雷克萨斯行驶在马路上。在金边掀起的咖啡热潮使得一杯咖啡售价贵达500日元的咖啡店林立于金边的各个地方。

而从金边坐车20分钟左右会来到一个垃圾处理厂，那里有很多5~10岁的孩子在工作。他们上半身赤裸着，连鞋子也没有穿。他们的工作是在如山高的垃圾堆里挑拣出铁屑，然后晚上把收集到的铁屑交给中间商换钱，然而忙活了一整天能挣到的钱却少得可怜。中间商无度地压榨他们的血汗钱，但是为了生存，孩子们只能选择继续默默工作。

据说这些孩子，有很多只能活到15岁。因为赤足干活，脚受伤后各种细菌进入体内，生病了也没钱去医院，基本上几年内就会病死。住在这样的垃圾场，没有家也没有钱，还不能去学校，吃不到好吃的东西。就算是在他们短暂的一生结束时，也多半死在被垃圾山环绕的环境中。

他们没有电话、没有电脑，也不能正常就业，没有护照所以不能去其他国家，想要改变人生也改变不了，想逃也无处可去，想挑战也做不到。现在可能情况有所改变，但此处说的是当时的情况。

有多少人没有手机？

有多少孩子上不了学？

有多少人在便利店买不起东西？

生病或受伤了的人里，有多少人去不起医院？

买不起衣服，不得不衣不蔽体地生活的人有多少？

那些整天念叨着"贫富差距"的人其实并不知道什么是真正的贫富差距，自己跟不上社会或是认为"日本成了看不见梦想的社会"的人，他们不知道真正的绝望

独断力

是什么。要是他们知道在很多国家里，这些贫苦人民的生活状况，就会为自己受到了那么多的恩惠而感恩，会感觉到自己其实想做什么就能做什么。

作为日本人生在日本，就像是刚开始在人生游戏里，玩骰子游戏时就投出了数字6一般幸运。所以笔者在感谢日本的同时，不想对这样的环境进行抱怨，决定要用自己的力量开拓人生，形成强烈的自我责任意识。绝不抱怨环境不行、自怨自艾时运不济或推卸责任。

下面话题回到"了解底层"上来，这里笔者并没有歧视或侮蔑穷人的意思，也不是要各位通过看别人过得不好来让自己心情变好。

提前了解底层是什么样子的，就可以让我们在往后经历悲惨或痛苦、陷入绝望时能咬牙坚持下来。即使当下贫穷，没有机会，看不见未来，也有人能够每天快乐地生活。人只要有健康的心理状态，无论遇到什么情况都能坚持下来。了解底层，能让我们即使在非常艰苦的时刻都能对未来抱有希望。

拥有许多选项

失败或没有得到如期待般的结果时,如果没有其他的解决方法,就容易让人产生挫折感。为了防止出现这样的情况,我们需要给自己准备多个选项。

举两个比较容易理解的例子,像保底选择和就业录取通知就是如此。总之先考上某个学校或进入某个公司,有了保底的选择后,就不会在考自己的第一志愿学校或应聘希望进入的公司时感到焦虑,可以发挥出应有的实力。就算没考上自己的志愿学校或没被心仪的公司录取,也不会那么失落。

我们可以把这样的想法运用到人生的多个场合中。例如收入来源,我们可以试着开拓收入渠道,让自己不仅有来自公司的工资收入,还能通过副业挣取外快,这样就可以在工资变少或是没有工资的情况下也能继续正常生活。正在相亲的人,可以尝试跟不同的人进行接触和了解。倘若有一个相亲对象突然发来拒绝的短信,自己也能调整好情绪。

独断力

要为自己准备多个选项，我们就要先知道"自己会为什么样的情况而感到绝望""自己在什么状况下会受到精神打击"，这样就能确定设定选项的方向，为自己创造更多的选项。

例如在"如果自己得了癌症""如果因为暴雨灾害自己家附近的河流发生了决堤""万一自己的孩子上不了学""万一被公司解雇"等情况下，若是有多个备用选项就可以知道自己该怎么做。即使某条路行不通，还有另外的选项可以选择，从而做到有备无患。

把意料之外变成意料之中

据说在不久的将来，东京很有可能会发生城市直下型地震和南海海沟大地震，也有人指出富士山可能会发生火山喷发。这类因地震、海啸、洪水等自然灾害丧命的危险，以及因此失去住宅和工作的风险都很有可能发生。

第4章 用独断力开拓人生的新篇章

为此,笔者为家里做了一系列的防灾措施。为了抗震,花钱用重钢筋改良建筑地基;做好防范水灾的措施;购买全额补偿的火灾保险……在最初设计新家的时候,留了一间仓库,以便能储备水和粮食等防灾用品。这些用品可以在灾害发生时让笔者撑大概3个月,这样就能熬过发生灾害后到救援来的一段时间。

笔者在屋顶上安装了太阳能发电系统,该机器可以独立运转,所以就算停电了,白天(如果晴天的话)也可以使用家电。汽车是下雨和下雪都防滑的四轮驱动,车内安装有行车记录仪,在没有红绿灯的路口还能通过盲区摄像头来确认来往车辆,车里还备有紧急手电筒。

可能有人认为富士山不会发生火山爆发,但是这是一个有无限可能的时代。当富士山喷发后,火山灰就会降到东京,进入精密机器的内部,让机器短路,几乎所有的电子机器都会停止运作,会使东京陷入混乱。变电所也会因此停运、停电,便携式发电基站的电量在三四天内就会用尽,地震灾害时用来传递信息的推特等社交网络也可能连接不上。道路打滑、车辆无法行驶,即使

独断力

想要逃到其他国家，飞机也飞不了。喷发的火山灰和烟雾让我们无法离开家半步。物流停滞，灾害救援迟缓，谁都联络不上，情况完全无法把握，很有可能会陷入什么都干不了，只能在那发呆的处境。

据说，富士山喷发后，火山灰降到东京的时间是一到两天。原本日本的关东平原、关东壤土层是由火山灰形成的，如果喷发的话一定会覆盖到日本关东地区。火山灰的飘向和风向（季节）与风力强度也有关系，笔者住在千叶县西北部，火山灰到笔者那大约要花两天以上的时间，这期间就必须做出是逃还是留的抉择。受火山灰的影响，飞机会立刻停飞，所以恐怕那时笔者会选择坐车逃走，问题就是可能会发生交通拥堵的情况。

有同样想法的人应该也会开始进行移动，所以在日本的东北道、关越道、主要干线道路上可能会发生严重的交通拥堵。估计那时东海道高铁将停止运行，东名高速也禁止通行，所以笔者应该回不到老家冈山县那边。

那时笔者会赶紧收拾行李，去学校接孩子，不知道经常去东京的妻子那时会在哪里？给车加满汽油后立刻出发。就算没有换洗衣物，到目的地后买就好了，但是得带上手机、电脑、信用卡。如果在高速公路上遇到交通堵塞，就无法脱身，所以要快速行驶到能下车行走的地方，在交通堵塞前下车走路。

因为日本关越道是以东京地区为起点的一段高速路，所以从笔者家出发的话，要先从东北道开到北关东道，之后是往关越道方向还是往上信越道方向走，再根据当时的交通路况判断。

那时，在东京电力公司的管控范围内会出现大面积停电，所以要选择去日本东北电力公司管控的福岛县、日本中部电力公司管控的长野县，或是到日本海的另一侧新潟县。到了地方之后，订一间便宜的商务酒店，因为不知道家那里需要多久电力才能恢复正常，所以还是要静观其变。

如果发生的是东京直下型地震，开车是不明智的选择。因为那时候路面可能会因地震而裂开，或是因地震液化而无法通行，又或是会有残砖破瓦让汽车爆胎。所以，在发生大地震的情况下，笔者应该会选择和家人一起躲在家中。

如果是大地震，电力、煤气、自来水需要一周以上的时间恢复正常。在因2019年15号台风"法茜"而遭受重创的千叶县房总地区，这些资源恢复正常供应就花费了这么长的时间，也许实际比这个时间还要长。

阪神大地震、"3·11"地震、熊本地震，这些地震的范围从日本整体来看都发生在局部地区，所以很快就有来自日本其他地区的支援。但是，东京圈共有约3500万人（南至横滨市、北至埼玉县、东至千叶县），其人口规模非常大，什么时候才能得到救援还是个未知数。

如前文所述，我们家一直备有储备物资，安装有太阳能发电系统，但即使如此，仅靠太阳能发电系统是带不动200V的空调的，就算冬天勉强熬过去，酷暑时节还是会过得相当辛苦。

大型的商业设施和酒店等都有自己的发电设备，不过也只能维持数日而已，最终，我们只能到汽车里用空调。所以夏天的时候，在汽油不足一半之前笔者都会给汽车加满油。

就像上述这样，如果连最坏的情况都在自己的意料之内的话，就会有"果然是这样啊"的心理，接受这种状况然后冷静地处理。

做好两手准备

为了防止在人生的道路上摔倒，笔者始终会做好两手准备。也就是说，在做某件事的时候，笔者会尽量让一件事的成果可以被多次反复使用、设定多个目的、一次行动产生多项收入。

"成果可以被多次反复使用"是指，例如写作时，笔者会把没有用于该书的内容用到其他书籍上，或发布在网络专栏里，又或是用于电子邮件杂志中，使其不被浪费。在准备演讲的内容时，可以通过重组和修改过去的演讲内容，花最少的时间完成新的（看起来）内容。

所谓"设定多个目的"，就是达不到一个目的时，能达到另一个目的就好的想法。例如孩子的中学入学考试不仅以"考上可以直升高中的重点初中"为目的，笔者还设定了全面检查在小学学到的内容、养成持续学习的习惯、提高自己找出属于自己的学习方法的能力等多种目的，即使孩子在考试时落榜，他也不会因此而心灰意冷，而是会正面地认为"通过考试获得了宝贵的经验"。又或是笔者在日本以外的国家投资不动产时，不仅有通过房价上涨赚钱这一个目的，还设定了汇率对策、资产分散、通货膨胀对冲、税务对策等多个目的，这样即使不动产不再赚钱，能达到其他目的也很好。

同样的，消费时笔者还会有将自己的消费事业化的想法。例如笔者去健身房时会想"反正我都要去健身房了，自己开家健身房会怎么样"；吃蛋白粉时笔者会想"既然我有吃蛋白粉的需求，不如顺便创立一个蛋白粉的原创品牌"。

现在，由笔者妻子运营的一家声乐培训学校和面向儿童的韵律舞蹈班就是笔者将自己的想法变成事业的一个实践。先不说要不要真的去实践，如果以这样的思维来看待问题，就会养成一种习惯，即分析付费服务的商业模型，思考如果是自己来做会怎么去做。

提高赚钱能力

笔者所追求的自由是由经济自由和精神自由构成的，本书主要是从获得精神自由的角度来介绍的，不过在此笔者想稍带谈一下经济自由。

在人的一生中，有很多不安和烦恼是由没钱造成的，例如大概没有人会因为中了10亿日元的彩票而对人生感到绝望。在因为失去工作和房子而觉得前途一片黑暗的时候，如果能得到10亿日元，是不是觉得未来一片光明呢？从这个意义上来说，要说"拥有赚钱的能力可以治愈一切"也不为过。而且，能赚钱可以帮助我们增加自信，对生活充满希望。"无论怎样都不会活不下去"，这是对自己的信赖，也是对未来的期望。

在即使遭遇暂时失业而无法赚钱，而且也没有存款的情况下，只要有赚钱的能力就不会感到绝望，而是能朝着下一个方向行动。这就是为什么笔者一直以来都不会过分在意存款和年收入，而是更看重赚钱能力的原因。

光靠吃老本过活只能让人感到忐忑不安，累死累活地赚高薪也没什么意义，重要的是如何用更少的时间和精力创造更高的附加值。因此，接下来要给各位介绍一个提高赚钱能力的训练方法，那就是"无处不在咨询"。

这是笔者提倡的一种方法，指看到眼前的商品、广告时，脑子里要思考："如果自己是这家公司的顾问，接受了客户委托，会给客户什么样的建议。"

例如，如果你环顾地铁四周，会发现有很多公司的广告。这时，你应该用5~10分钟来思考，如果自己是经营顾问，为了提高自家产品的销量，应该做些什么事情？怎样做这些事情？对于资金、人力资源、公司内部人员的反对声音等问题，又该如何应对？

这里并没有正确答案，这么做是为了能让自己思考"那样做的话，销售额应该会提高""那样做的话，所有人都能接受"，然后不断提高自己解决问题的对策的质量。

当然一开始很难做到，所以笔者会通过阅读公司战略和市场营销方面的书籍来获取知识，或者参考《日经商业》等商业信息杂志上刊登的成功和失败事例，向大脑进行信息输入。

让这种输入和"无处不在咨询"这种输出，可以一同保持高速运转。每天一遍又一遍地重复训练，持续半年左右后，大脑的思维运转速度就会比以前快约2倍，大大提高了大脑的假设和解决问题的能力。

回想起来，笔者曾经之所以能够在外资战略咨询这个行业中做得还算不错，很大的一个原因就是笔者日复一日、年复一年地坚持这种思维训练。

这也成为笔者的一个习惯，走在街上会自然而然地进行案例研究，经常分析某人的或某个公司的商业模式，从中提炼出真谛。

正因如此，现在的笔者有信心可以将事业做成功，因为笔者通过这个思维训练，培养出了敏锐的"嗅觉"，能分辨出什么样的商业模式可能会失败，从而做出只从事不会失败的事业的判断。

独断力

"自由"才是成功

如前文所述,笔者所认为的成功是"自由",它由经济自由和精神自由构成。获得经济自由后,意味着你可以做或不做任何事情,你可以从多个选项中选择,你不受环境或他人的限制。

"可以做或不做任何事情"这句话很容易理解。"可以从多个选项中选择"是指,例如,公司职员和个体户都是工作的一种;住在日本或其他国家都可以,犹豫不知道住哪更好的话可以同时在两个地方买房。要做到这一点,还是要提高赚钱能力。倘若有钱,就可以选择做什么,也可以选择不做什么。

精神自由是指自己的感情不受他人影响。例如,想要不再因他人而变得焦躁不安、害怕、烦恼,就要常以自己的意志为主体生活。其实很多不愉快的情绪是由他人带来的,不仅有被示威、被愚弄、被职权骚扰、被诽谤中伤等遭受到他人的直接攻击,还有嫉妒、自卑、失意等自己产生的消极情绪等,这些多是由人际关系造成的。因此我们需要拥有不被这些事情所动摇的坚韧和包容的精神。

像这样拥有强大的经济能力和不为所动的钢铁般的精神力，就是笔者认为的成功。

社会地位、个人名誉等对笔者来说都没有什么意义，不顾一切地工作、让公司上市或者拥有数十亿日元的资产等，笔者对这些事情也都不太感兴趣。这些都不是别人告诉笔者的，而是笔者坦诚遵从自己内心的结果，实践是构成笔者日常生活的全部。

因此，笔者决定现在的首要任务是"自由"，只要是能让笔者自由的事笔者都会做，相反，无论那件事多么有吸引力，如果损害到笔者的自由，就绝对不会做。

满足感和认同感

上文介绍了对笔者来说成功的定义是经济自由和精神自由，其实这个成功也只是一种手段、一条分界线，

独断力

最终的目的是获得幸福，更确切地说是"让自己感觉自己的生活和人生是幸福的"。

那么，构成幸福的要素有哪些呢？虽然具体因人而异，但笔者认为幸福的要素是满足感和认同感。

谈到幸福，可能有人会想到"高兴""开心""有趣""好笑"这些情绪，但这都只是暂时的。例如，有一天自己和朋友们一边吃着美味的饭菜一边聊得很开心，但第二天自己却被老板狠狠地骂了一顿，顿时感到很沮丧。诸如此类，即使这件事一时间令人很开心，但很快就会发生令人感到无趣、无聊、心累的事，然后觉得整体上并不如意。

但是，如果有满足感和认同感的话，即使遇到了让人一时沮丧的事情，只要试着俯瞰整体，也会觉得"大体上没问题"，成为肯定和支持自己的依据。

所谓满足感，是指把事情做完的成就感、发挥出自己能力时内心热血沸腾的感觉；自己能力提高、成长时的真实感受；为公司和社会做出贡献的真实感受等。只要全力以赴地去做，不管结果如何，都可以因尽力而感到满足。相反，没有什么比没完全努力更让人感到无奈的事了。另外，人类本能地有成长的欲望，就算达不到最高目标，只要能比以前做得更好，就会为此而感到高兴。自己的能力、自己的存在对某人有用，自己被某人所需要、让某人开心的真实感受会让人有满足感。

所谓认同感，是指只有自己思考、自己决断并行动才能获得的感觉。有了认同感，不管结果是好是坏，都能坦然接受，不会产生委屈不满等消极的情绪。就算失败了也不会失落，而是会主动反思，吸取教训，然后继续迎接下一个挑战。而且这种认同感来源于"自我决定的感觉"，也就是本书的主题——独断力。

公司里的很多员工都很难感受到幸福，因为在工作上做决定的大多是上司，即使有异议和不满也必须服从，很难获得"自我决定的感觉"。经营者和管理者几乎可以自己决定一切，所以不管结果如何自己都可以接受。既不是谁让做的，也不是因为谁而犯错的，而是自己选择的结果，自然就很难抱怨或感到不满。

另外，自我决定的感觉也能满足活出自我、实现自我的愿望。自己做决定就是选择自己喜欢的事、想做的事，就是自己选择在能够发挥个性的领域、环境中生活。能够以真实的自己生活，这正是所谓的"实现自我"，认同感自然也会变强。

这是在人生的各种场景中由他人决定、让他人帮自己做决定所无法获得的感觉。也就是说，自己决定的行为与自己活着的实际感受是相通的，这非常重要。

如此看来，独断力可以说是现代的生存策略，只有独断才能走向自己能够接受的人生。

结语

我们需要更多空闲时间

结语 我们需要更多空闲时间

要想提高独断力，就要有空闲的时间。

如果你是每天都需做出各种决定的身经百战的经营者就先另当别论，我想一般人并不怎么习惯做决定。大多数人都只会去完成上级下达的任务，不会自己去创造任务，所以人们往往容易被一些硬性任务所困扰。像是在公司必须要完成某项工作，生活中必须要洗衣服等。

但是像这样每天埋没在忙碌之中，思考的空间就会被这些东西占满，导致我们没有时间去探究事物的本质，也难以意识到自己的偏见，更有可能会忽略出现在眼前的机会，即使注意到了也没有多余的精力做决断，从而白白错失机会。

当笔者被忙碌的日程逼得手忙脚乱的时候，即使遇到看起来很有趣的事情，也会因为忙碌而不得已推后处理，因此错失了好几次机会。但是在日程表上一片空白的今天，如果再次遇到有趣的事情，笔者可以马上进行调查，也能从容地、仔细地思考问题。因此几乎再没有

独断力

判断错误（也许以后会后悔，或者有更合适的解决方法）的情况了。

上述经历让笔者切身感受到，要想做出符合自己价值观的判断，要想注意到并立刻把握住机会的话，就要给自己留出多余的时间。空闲并不是让你无所事事，而是让你能只做自己想做的事情，过上理想的生活。

为了追求这样的生活，笔者努力提高不动产和太阳能发电等非劳动性收入，以随时随地都能完成的写作为主业。

当然，在人生的某一时期，我们的日程表也可以排得满满当当。笔者也曾有过这样的时期，这是笔者能成长起来的重要原因。不过即便能成长，笔者也还是希望能给自己一些闲暇时间。

在当下社会，人们的生活既没有被猛兽袭击的危险，也很少面临战争或非生即死的风险和场面。既然如此，倒不如做自己觉得开心的事情。为了能过上这样的生活，衷心建议各位能拥有独断力。